CW00519666

Novas medições do azoto v   fertilizantes

Luis Rivacoba

Novas medições do azoto vegetal para recomendação de fertilizantes

Adaptação às alterações climáticas

ScienciaScripts

ÍNDICE

AGRADECIMENTOS

Gostaria de agradecer a todas as pessoas que, de uma forma ou de outra, contribuíram para esta tese e a tornaram possível.

Em primeiro lugar, gostaria de agradecer ao Dr. Alfonso Pardo Iglesias pelas suas avaliações científicas rigorosas e enriquecedoras, que serviram de guia, encorajamento e orientação ao longo deste processo.

Colegas do Departamento de Recursos Naturais do SIDTA-CIDA, Dra. Mª Luisa Suso, Dra. Nuria Vazquez e Dra. Leticia Olasolo, pelos seus conselhos e correcções oportunas. Pilar Yecora e Cristina Casis pelo seu louvável trabalho no laboratório e a todo o pessoal do centro que participou no trabalho e facilitou as tarefas diárias, especialmente os operadores. Gostaria também de agradecer à Ma Carmen Arroyo e à sua equipa no laboratório regional pelo seu rigor e rapidez na análise das amostras de solo.

Ao Servicio de Investigacion y Desarrollo Tecnologico Agroalimentario de La Rioja (SIDTA), onde foi realizada esta tese, por ter facilitado o seu desenvolvimento. Dr. Enrique Gartia-Escudero e todos os colaboradores do SIDTA que participaram direta ou indiretamente neste trabalho. A Consejena de Agricultura, Ganadena y Medio Ambiente del Gobierno de La Rioja por autorizar a utilização das instalações e equipamentos do SIDTA-CIDA.

Ao Instituto Nacional de Investigacion y Tecnologia Agraria y Alimentaria (INIA) por me ter concedido uma bolsa no âmbito do projeto nacional "Integração de modelos de solo, planta e simulação para uma gestão eficiente do azoto em culturas hortícolas" (RTA-2011-00136-C04-02), que me permitiu realizar este trabalho.

Finalmente, é claro, gostaria de agradecer aos meus pais, que estão sempre presentes, e à minha irmã pelos seus sacrifícios, paciência e lições inestimáveis, porque sem ela nada disto teria sido possível. Ao meu avô, que já não está aqui mas que esteve sempre presente, porque me ensinou que é possível atingir os nossos objectivos lutando, esforçando-nos, sacrificando-nos e sorrindo. À Sara, que me observou e me compreendeu, pelo seu apoio infinito. A todos aqueles que, direta ou indiretamente, tornaram possível a realização deste trabalho, o meu muito obrigado.

RESUMO

Existe um interesse crescente em otimizar a fertilização azotada das culturas e em melhorar a utilização do azoto, a fim de obter rendimentos elevados e limitar os efeitos secundários associados à lixiviação do azoto. A concentração de azoto nas plantas é geralmente determinada por análise química, embora existam alternativas como a determinação do N-NO3⁻ na seiva das plantas e a medição da clorofila como estimativa indireta do teor de azoto. Atualmente, os métodos de reflexão, transmissão e fluorescência em determinadas regiões do espetro são utilizados para diagnosticar o estado nutricional azotado das plantas. O primeiro objetivo deste estudo foi investigar o efeito do azoto disponível no rendimento e na eficiência de utilização do azoto numa cultura de couve-flor (*Brassica oleracea* var. *botrytis*) das variedades Barcelona, Typical e Casper. O segundo objetivo deste estudo foi avaliar a medição da concentração de nitratos na seiva e o método Nmin, e o terceiro objetivo foi avaliar a utilização de sensores baseados nos princípios de reflexão, fluorescência e transmissão nas mesmas parcelas de ensaio. Os ensaios foram realizados na Finca Valdegon, no Centro de Investigacion y Desarrollo Tecnologico Agroalimentario del Gobierno de La Rioja em Agoncillo (La Rioja) e na Finca Experimental del Instituto Navarro de Tecnolog^a e Infraestructuras Agroalimentarias em Sartaguda (Navarra), Espanha, em 2012, 2013 e 2014. A plantação foi efectuada em agosto. Foi criado um ensaio com quatro tratamentos e quatro repetições num cenário aleatório baseado no teor de azoto mineral do solo no início da colheita. Foram instaladas resinas de permuta iónica em tubos a 0,2 m de profundidade para medir a mineralização da matéria orgânica do solo. As medições do azoto do solo, do azoto vegetal, do nitrato de seiva, do nitrato de resina, da altura, do coberto vegetal, da biomassa e das folhas foram efectuadas regularmente com os sensores SPAD®, Dualex®, Multiplex® e Crop-Circle®.

Para a variedade Barcelona, o valor médio de azoto disponível acima do qual não se observou qualquer reação de rendimento foi de 184 ± 20 kgN/ha. Para a variedade Typical, este valor foi de 189 ± 45 kgN/ha. Para a variedade Casper, o valor foi de 143 ± 7 kgN/ha. Este valor foi significativamente mais baixo do que nos outros ensaios, o que pode ser devido a uma subestimação da mineralização da matéria orgânica do solo.

Os resultados da análise do balanço confirmam a utilidade do método Nmin para o planeamento da fertilização azotada da couve-flor, bem como a importância que o azoto mineralizado, as perdas por volatilização e um bom planeamento da irrigação podem adquirir no balanço para reduzir as perdas por lixiviação. As extracções médias das variedades de couve-flor estudadas foram de 246 kg de azoto por hectare.

A mineralização da matéria orgânica do solo medida no campo atingiu um valor médio de 46 kg N/ha para a rotação de culturas na camada superior do solo. O azoto fornecido por este processo pode representar até 20% do azoto extraído pela planta.

3

A concentração de N-NO3⁻ na seiva é um indicador altamente sensível e repetível que pode destacar diferenças significativas entre tratamentos, particularmente após a adubação de cobertura.

No caso dos índices NBI dos aparelhos Dualex e Multiplex e do índice REDVI do Crop Circle, foram encontradas correlações elevadas com o teor de azoto da planta, que foi utilizado para ajustar, em função do estádio fenológico da cultura, funções que relacionam as medições efectuadas com a biomassa da cultura, no caso do índice NBI, e com o índice de nutrição azotada (NNI), no caso do índice REDVI. Nas curvas analíticas obtidas para os sensores, podemos observar que a medição se estabiliza a partir de uma biomassa de cerca de 1 Mg/ha (50% do solo) e que, a partir desse ponto, os tratamentos com défice começam a destacar-se dos tratamentos sem défice, como é o caso do azoto total na folha. Estes modelos podem, portanto, ser utilizados para detetar um défice de azoto na nutrição e corrigi-lo através da fertilização. É muito importante que estes défices sejam detectados precocemente para que possam ser corrigidos.

O único método atualmente capaz de especificar quantitativamente uma recomendação de fertilização é a análise Nmin. Ao adiar a análise do solo para a véspera da adubação de cobertura, podemos adaptar melhor a fertilização azotada, uma vez que temos em conta a possível mineralização da matéria orgânica do solo no início da colheita, bem como as eventuais perdas por lixiviação.

Os resultados obtidos com os instrumentos de medição não destrutivos complementam os resultados Nmin e demonstram a utilidade destes métodos para a deteção de carências no estado nutricional das plantas. O medidor de reflexão CROP CIRCLE ACS-430 permitiu analisar continuamente um grande número de amostras num curto período de tempo, reduzindo assim o erro de amostragem e permitindo obter valores vegetais mais representativos do que com os outros equipamentos utilizados.

O objetivo destas equipas deve ser não só detetar precocemente as carências nutricionais, mas também quantificar essas carências para que possam ser corrigidas quantitativamente.

4

INTRODUÇÃO

O sector das frutas e produtos hortícolas desempenha um papel muito importante tanto no sector agrícola como na economia espanhola em geral. No relatório preliminar publicado para 2015 (MAGRAMA, 2015), a sua participação na produção do sector agrícola atingiu 14.544 milhões de euros, ou seja, 34,1%, um valor muito significativo que tem seguido uma tendência crescente nos últimos anos. Em 2014, a área dedicada às culturas hortícolas ascendeu a 389.472 hectares, com uma produção total de 14 milhões de toneladas (MAGRAMA, 2015).

Em La Rioja, a superfície dedicada a este tipo de cultura na campanha de 2014 foi de 4.625 ha, sendo as culturas mais difundidas as ervilhas verdes, o feijão verde, a couve-flor e a alcachofra (Governo de La Rioja, 2015).

Em Espanha, o consumo de fertilizantes inorgânicos na campanha de 2013/2014 totalizou 5,0 milhões de toneladas, das quais 53,1% corresponderam a fertilizantes azotados simples (ANFFE, 2013/14). Os adubos e suplementos diretamente destinados à agricultura, no valor de 2.030,4 milhões de euros em 2014, representaram 9,6% do valor do conjunto dos factores de produção e 5,0% do valor da produção do sector agrícola (MAGRAMA, 2015). Em estudos económicos realizados pelo Instituto Técnico de Gestão Agrícola de Navarra (ITGA) para diferentes culturas, verificou-se que, para a maioria das culturas hortícolas, o custo dos fertilizantes representa entre 5% e 10% do custo total da colheita, um valor baixo em comparação com uma cultura como o milho para cereais, onde representa cerca de 20%. Este facto pode incentivar os agricultores a fertilizar em excesso, a fim de minimizar o risco de redução da produtividade devido à falta de fertilizantes.

Uma boa gestão do azoto nas culturas hortícolas é, portanto, de importância económica para o agricultor, mas tem também um impacto no ambiente, uma vez que contribui para a poluição das águas subterrâneas (Diretiva Europeia 91/676 relativa à poluição da água causada por nitratos de origem agrícola) e liberta óxido nitroso para a atmosfera através da desnitrificação do nitrato no solo.

No caso das culturas hortícolas, a fertilização azotada é geralmente elevada, o que, combinado com o facto de se tratar de culturas de regadio e de o sistema radicular ser relativamente superficial em muitos casos, conduz a perdas significativas de nitratos por lixiviação. A diretiva europeia e os programas de ação dela decorrentes estipulam que os Estados-Membros devem fixar doses máximas de fertilizantes azotados para as diferentes culturas e que os códigos de boas práticas agrícolas devem basear-se em estudos experimentais em diferentes zonas agrícolas.

No que se refere ao impacto das práticas de fertilização nas emissões de gases com efeito de estufa, foi demonstrado que os adubos azotados são a principal causa do aumento das emissões de N2O atribuíveis às actividades agrícolas (Stehfest e Bouwman, 2006). O óxido nitroso é um gás que se forma no solo por desnitrificação ou nitrificação (Bremner, 1997) e tem um potencial de aquecimento global quase trezentas vezes superior ao do CO_2. Estima-se que 42% das emissões totais de N2O para a atmosfera provêm da agricultura (IPCC, 2007). Parece que as melhores práticas de fertilização azotada

5

são as que têm maior eficiência agronómica, ou seja, as que resultam numa maior absorção do azoto aplicado pelas plantas (Van Groenigen *et al.*, 2010). Por conseguinte, é necessário desenvolver métodos que permitam determinar, para cada parcela e para cada cultura, a fertilização necessária para obter rendimentos elevados e uma boa qualidade, reduzindo simultaneamente o impacto no ambiente.

Os estudos sobre a fertilização azotada das culturas hortícolas são essenciais para uma melhor adaptação das doses óptimas de fertilizante. Esta adaptação é considerada adequada por razões económicas e ambientais, mas também porque estas doses variam muito nos programas de ação das diferentes Comunidades Autónomas, o que não é fácil de justificar (Ramos e Ubeda, 2009).

1.1. Cultivo de couves-flores

A couve-flor (*Brassica oleracea* L. var. *botrytis* L.) é um membro da família Cruciferae, uma grande família que inclui cerca de trezentos géneros, principalmente plantas herbáceas de regiões temperadas. O género *Brassica* é o mais importante do ponto de vista económico. Dentro das espécies de Brassica, *a B. oleracea* inclui uma série de plantas que se tornaram culturas hortícolas muito importantes nas zonas temperadas, como a couve de folha lisa (*B. oleracea* var. *capitata* L.), a couve-de-bruxelas (*B. oleracea* var. *gemmifera* DC.) e os brócolos (*B. oleracea* var. *italica* Plenck).

Em 2013, a produção de couve-flor em Espanha atingiu 146 700 toneladas e, em 2014, foram produzidas 9 518 toneladas de couve-flor em La Rioja, o que a torna um dos principais produtos hortícolas da Comunidade, onde também beneficia de uma indicação geográfica protegida.

1.1.1. Períodos de desenvolvimento da couve-flor e ciclos de colheita

O desenvolvimento vegetativo da couve-flor foi estudado em pormenor e foram distinguidas três fases vegetativas durante o ciclo de cultivo comercial (Wurr *et al.*, 1981). A primeira fase é a fase juvenil, da germinação à floração. Durante esta fase, apenas se formam folhas, cujo número varia entre 12 e 20 consoante a variedade e a temperatura do penodo (Wiebe, 1975; Wurr *et al.*, 1981; Booij e Struik, 1990). A segunda corresponde à fase de indução floral, que não está claramente ligada ao fim da fase juvenil (Booij e Struik, 1990). A indução é causada principalmente por baixas temperaturas e é também influenciada pela idade da planta, variedade, etc. O valor da temperatura de vernalização varia consoante a variedade, de 6° a 8°C para as variedades de inverno a temperaturas superiores a 15°C para as variedades de verão. A duração das temperaturas de vernalização varia igualmente consoante a variedade, de duas a cinco semanas para as variedades de outono e de cinco a quinze semanas para as variedades de inverno. No final desta fase, a planta deixa de produzir folhas. Como existe uma relação entre o número de folhas e a produção de pellets, é importante ajustar os ciclos para que a indução ocorra quando a planta tiver um número suficiente de folhas. A terceira fase é a fase de crescimento da inflorescência (Wiebe, 1975; Wurr *et al.*, 1981).

De acordo com este modelo de desenvolvimento, as variedades mais utilizadas no nosso país podem ser classificadas de acordo com os seguintes ciclos de produção:

• Ciclo curto e tempo de colheita de 45 a 90 dias, desde a sementeira até à colheita.

6

- Ciclo médio e colheita entre o final do outono e meados do inverno, com um
  Dura entre 90 e 120 dias após a plantação.

- Ciclo longo, colheita de meados do inverno até ao início da primavera.
  primavera e uma duração de ciclo entre 120 e 180 dias.

1.1.2. Fertilização azotada das couves-flores

A couve-flor é uma cultura que é colhida quando está a crescer bem. Os dados sobre a dinâmica da absorção de azoto por esta cultura mostram uma linha ascendente e sugerem uma absorção contínua até à colheita (Everaarts, 1993).

De acordo com vários estudos, a absorção de azoto por esta cultura pode variar entre 150 e 300 kg N/ha (Everaarts et al., 1996), 170 e 250 kg N/ha (Everaarts, 2000) e 250 e 498 kg N/ha (Vazquez et al., 2010).

De acordo com Everaarts et al (1996), a fertilização azotada ideal para esta cultura é de 224 kg N/ha, menos o azoto mineral inicialmente presente no solo. Csizinszky (1996) obteve a produção máxima de couve-flor com uma fertilização de 294 kg N/ha. Rahn et al (1998) determinaram o limite superior de produção para valores entre 240 e 300 kg N/ha de fertilizante. Rather et al (2000) determinaram a dose óptima de 250 kg N/ha como a soma do N mineral do solo (Nmin) no momento da transplantação e do N aplicado como fertilizante; estes autores concluíram que não se observava qualquer resposta à fertilização azotada para um valor de Nmin superior a 210 kg N/ha no horizonte do solo entre 0 e 30 cm ou superior a 270 kg N/ha no perfil do solo de 0 a 90 cm.

Em ensaios realizados por Riley e Vagen (2003), não foi encontrado qualquer efeito no rendimento quando a fertilização com azoto foi aumentada de 150 para 250 kg N/ha. Mostraram também que a aplicação fraccionada de azoto resultava em rendimentos significativamente mais elevados do que uma única aplicação. Van Den Boogaard e Thorup-Kristensen (1997) verificaram que, acima de 250 kg de N disponível/ha (Nmin + fertilizante), não se verificava qualquer reação. Um aumento do fertilizante de 100 kg de N/ha resultou num aumento do azoto residual no solo de 17 kg/ha, do azoto nos resíduos de culturas de 52 kg/ha, do azoto mineralizável de 37 kg/ha e do azoto nas inflorescências de 15 kg/ha. A eficiência da utilização do azoto aumentou quando foi aplicado mais azoto no momento de maior necessidade e crescimento.

Na sua recomendação para a fertilização azotada da couve-flor pelo método Nmin, Feller e Fink (2002) indicam um objetivo de Nmin de 297 kg N/ha a uma profundidade de 0,6 m, com 251 kg N/ha extraídos pela planta e 40 kg N/ha produzidos como resíduos.

O azoto não é apenas um fator de rendimento, está também ligado à qualidade. Rather et al (1999) observaram uma percentagem significativamente mais elevada de couves-flores soltas em casos de deficiência de azoto, em comparação com uma fertilização óptima. Bohmer et al (1981) também observaram um aumento do número de couves-flores soltas em função do azoto disponível. Um aumento da fertilização azotada de 80 para 120 kg N/ha resultou numa redução de 7% do teor de vitamina C nas couves-flores (Lisiewska e Kmiecik, 1996).

As perdas de azoto dos resíduos de couve-flor podem ser elevadas. As brássicas utilizadas em horticultura têm uma baixa taxa de colheita (Abuzeid e Wilcockson, 1989; Everaarts e de Moel, 1991) e deixam uma grande quantidade de azoto nos resíduos (Alt e Wiemann, 1990). No caso da couve-flor, a percentagem de colheita situa-se entre 33 e 47%, de acordo com vários autores. Lorenz *et al* (1989) referem que os resíduos de couve-flor fornecem 130 kg N/ha à cultura seguinte. Rahn *et al* (1992) mediram até 300 kg N/ha em resíduos de Brassica. Everaarts (1993) encontrou valores entre 100 e 200 kg N/ha em couve-flor e Everaarts (2000) encontrou valores entre 95 e 140 kg N/ha em resíduos de couve-flor. Riley e Vagen (2003) determinaram que os resíduos pós-colheita da couve-flor representam cerca de 70% da quantidade total. Uma vez mineralizado, este azoto orgânico pode estar disponível para a cultura seguinte ou pode ser lixiviado, constituindo um risco para o ambiente. Scharpf (1991) verificou que 70% do azoto contido nos resíduos vegetais estava disponível no prazo de dez semanas.

1.2. Sistemas de recomendação para a fertilização azotada

A maioria dos sistemas de recomendação de fertilizantes azotados para as culturas hortícolas pode ser dividida em duas categorias básicas. A primeira inclui sistemas baseados numa análise do azoto mineral no início da cultura, antes de o crescimento das plantas ser mais rápido (Hartz *et al.*, 2000; Feller e Fink, 2002; Heckman, 2002), e a segunda inclui sistemas baseados em medições efectuadas nas plantas que indicam o seu estado nutricional em momentos específicos do seu desenvolvimento (Hochmuth, 1994 e 2009; Rodrigo, 2006; Westerveld *et al.*, 2004; Rodrigo e Ramos, 2007a). Schroder *et al* (2000), numa visão geral das duas opções, concluem que a ferramenta de diagnóstico ideal "deve ser capaz de detetar tanto a deficiência como o excesso de azoto, ser fácil de utilizar e capaz de informar rapidamente o agricultor da sua necessidade de azoto adicional. Os resultados obtidos devem ser específicos do estado do azoto da cultura, devendo ser tida em conta a influência de outros factores, como a variedade, as diferenças climáticas entre anos, etc.

Nos últimos 20 anos, o interesse na utilização de modelos de simulação para apoio à decisão na fertilização azotada também aumentou (Van der Burgt *et al.*, 2006; Rahn *et al.*, 2010a; Shaffer *et al.*, 2010).

1.2.1. Sistemas baseados na análise do solo

Existem vários sistemas de recomendação de adubos azotados baseados em medições do solo (Neeteson, 1995; Tremblay *et al.*, 2001; Hartz, 2002a). Entre estes, destacam-se dois tipos: 1) os que determinam a quantidade de azoto mineral que deve estar disponível para a planta no início da cultura a uma dada profundidade do solo, por exemplo o chamado sistema Nmin (Feller e Fink, 2002), e 2) os métodos que determinam a adubação de cobertura com base na análise do solo dos primeiros 30 centímetros e, com base nos valores obtidos, diagnosticam se a adubação é suscetível de aumentar ou não a produção (Krusekopf *et al.*, 2002).

O método Nmin (azoto mineral) para a recomendação de adubos azotados foi desenvolvido na Alemanha (Wehrmann e Scharpf, 1986). Baseia-se na determinação do teor de azoto mineral do solo no início do crescimento das plantas. De acordo com este método, a dose óptima de adubo resulta da diferença entre o azoto total requerido pela planta e a quantidade de azoto mineral presente no início da cultura na parte do solo explorada pelo sistema radicular; foi determinada para várias culturas hortícolas (Scharpf e Weier, 1996; Wehrmann e Scharpf, 1986).

O sistema PSNT (Pre-sidedress Soil Nitrate Testing) é um deles. É uma ferramenta muito útil para identificar parcelas onde o azoto adicional aumentaria o rendimento. Embora tenha sido originalmente desenvolvido para o milho (Magdoff, 1991), foi desde então adaptado aos brócolos, couve-flor, repolho, aipo, alface, milho doce e tomate (Heckman *et al*., 1995; Sanchez, 1999; Mitchell *et al*., 2000; Hartz *et al*., 2000; Breschini e Hartz, 2002; Krusekopf *et al*., 2002). A fertilização suplementar é efectuada pelo menos um mês após a preparação do solo, durante a fase anterior de crescimento rápido das plantas, quando as necessidades de N são mais elevadas. Parte-se do princípio de que o teor de nitratos do solo dá uma ideia aproximada da disponibilidade de N mineral para as plantas durante o resto do ciclo (Hartz, 2002b). Neste método, apenas a camada de 0-30 cm do solo é normalmente amostrada, mas alguns autores recomendam a amostragem da camada de 5-30 cm, uma vez que o nitrato presente nos primeiros cinco centímetros não é muito acessível às raízes. O teor de nitratos do solo é utilizado como um indicador para determinar se é ou não necessária uma fertilização adicional. Este sistema pressupõe que o teor de nitratos do solo pode ser analisado rapidamente (Ramos, 2005).

Todos estes sistemas têm de ser adaptados a diferentes regiões de produção, com diferentes climas e solos, bem como a práticas de irrigação com diferentes níveis de eficiência, uma vez que todos estes factores influenciam a produção comercial e também o balanço de azoto no solo (Hartz, 2003). Estes sistemas são muito úteis no caso das culturas hortícolas, uma vez que os níveis residuais de Nmin no solo provenientes da cultura anterior são frequentemente muito elevados (Ramos *et al*., 2002; Vazquez *et al*., 2006), pelo que é possível reduzir consideravelmente, ou mesmo eliminar, a fertilização.

A principal desvantagem destes sistemas é o custo da amostragem e análise do solo e a elevada variabilidade espacial dos nitratos no solo (Lopez-Granados *et al*.,   2002;   Giebel   *et*   *al*., 2006). A fim de reduzir os custos de análise, foram desenvolvidos os seguintes métodos desenvolveram métodos simples e económicos (Hartz, 1994; Sepulveda *et al*., 2003; Thompson *et al*., 2009).

1.2.2. Sistemas baseados em medições de plantas

Para estudar o excesso ou o défice de azoto na planta, é possível utilizar a concentração centimétrica de azoto, que foi definida como a concentração mínima necessária na planta para atingir uma taxa de crescimento máxima (Ulrich, 1952). Lemaire e Salette (1984) desenvolveram o conceito de concentração centimétrica de azoto na biomassa acima do solo, num dado momento do crescimento vegetativo, como sendo a concentração mínima de azoto necessária para atingir a biomassa máxima. Representaram esta concentração por uma equação potencial em que a biomassa total é uma função da concentração de azoto, expressa em percentagem da massa seca total. Abaixo da curva, o crescimento

9

é limitado pelo azoto, acima da curva não o é, e acima da curva a concentração de azoto é óptima. Foi necessário definir os valores específicos dos coeficientes da curva de azoto para as diferentes espécies. Isto foi feito, por exemplo, para as plantas forrageiras (Lemaire e Salette, 1984), a batata (Greenwood *et al.*, 1990), o trigo (Justes *et al.*, 1994), o milho (Plenet, 1995) e o feijão verde (Olasolo, 2013).

Estas curvas de diluição podem ser utilizadas para determinar as necessidades de azoto e calcular o índice de nutrição azotada (NNI), que quantifica o estado azotado das plantas (Lemaire *et al.*, 1989; Lemaire e Meynard, 1997) e pode ser utilizado em modelos dinâmicos para ter em conta os efeitos do azoto no crescimento e no rendimento (Justes *et al.*, 1997).

O modelo geral de Greenwood *et al.* (1986) e um modelo específico para espécies de couve (Greenwood *et al.*, 1996) foram utilizados para estudar a curva cnt na couve-flor. Riley e Vagen (2003) desenvolveram um modelo da curva de azoto cnt para brócolos e couve-flor que está mais próximo da equação geral de Greenwood do que da equação específica da messénia. O teor de azoto da couve-flor foi estudado por Rincon *et al* (2001) em Espanha, que encontraram um valor de 6.959 kg/ha de biomassa seca e um teor médio de azoto de 4,6%, superior aos 4% previstos pelo modelo específico para a couve.

Em geral, as medições do estado nutricional das plantas em termos de azoto são menos dispendiosas do que as medições no solo. A prática mais comum é a análise do azoto foliar ou a análise dos nitratos da seiva. No entanto, as opiniões dos peritos divergem, havendo quem considere estas medições úteis (Kubota *et al.*, 1996; Rodrigo *et al.*, 2005; Hochmuth, 2009), enquanto outros consideram que a análise do solo é mais eficaz do que a análise dos nitratos da seiva para determinar o momento em que as plantas respondem à fertilização azotada (Pritchard *et al.*, 1995; Sanchez, 1998; Hartz, 2003).

Vários estudos indicam que existe uma estreita relação entre a concentração de clorofila na folha e o teor de azoto da folha, uma vez que a maior parte do azoto da folha está contido nas moléculas de clorofila (Evans, 1989; Peterson *et al.*, 1993).

A concentração de clorofila ou a coloração verde das folhas é influenciada por muitos factores, incluindo o estado nutricional da planta em termos de azoto. A utilização de instrumentos para medir o teor de clorofila das folhas permite, portanto, melhorar a gestão da fertilização azotada das culturas (Peterson *et al.*, 1993; Smeal e Zhang, 1994; Balasubramanian *et al.*, 2000).

A medição da clorofila como indicador do estado nutricional das plantas baseia-se na boa correlação observada em muitas plantas cultivadas entre o teor de clorofila foliar e o teor de azoto foliar, particularmente em casos de deficiência de azoto (Schepers *et al.*, 1992; Samborski *et al.*, 2009). Os sensores utilizados para esta medição são fáceis de utilizar e relativamente pouco dispendiosos (Goffart *et al.*, 2008). Eis algumas culturas hortícolas para as quais este tipo de medição foi estudado: Alcachofra e romanesco (Rodrigo e Ramos, 2007c), tomate (Gianquinto *et al.*, 2006) e pimento (Godoy *et al.*, 2003). A medição da clorofila para a gestão da fertilização azotada em culturas hortícolas foi estudada por Rodrigo e Ramos (2007a), Gianquinto *et al.* (2004) e Tremblay (2013).

Um problema bastante geral dos sistemas baseados em medições das plantas é que essas medições são sensíveis a outros factores, como défices hídricos, disponibilidade de nutrientes (que não o N), doenças, etc. Nos últimos anos, foram desenvolvidos sensores ópticos para determinar o estado nutricional de N das culturas. Nos últimos anos, foram desenvolvidos sensores ópticos para determinar o estado nutricional de N das culturas.

• **Análise de sumos**

A análise rápida do suco de nitrato é um método prático e simples para monitorizar os níveis de nitrato em culturas hortícolas (Rodrigo e Ramos, 2007a). Este método tem sido utilizado para diagnosticar o estado nutricional das plantas através de zonas de suficiência específicas para cada cultura (Kubota *et al.*, 1997). Estas medições são influenciadas pelo teor de azoto mineral do solo, a posição do pecíolo da planta, a idade da planta, a variedade e a hora do dia, mas a variabilidade das medições da seiva pode ser reduzida seleccionando folhas maduras recentemente desenvolvidas e recolhendo amostras antes do meio-dia (Hochmuth, 1994 e 2009). A análise de nitratos em sumo foi utilizada para várias culturas hortícolas: couve (Scaife e Stevens, 1983), tomate (Prasad e Spiers, 1985; Hochmuth 1994 e 2009; Beverly, 1994; Thompson *et al.*, 2009), couve-flor (Kubota *et al.*, 1996), brócolos (Kubota *et al.*, 1997; Gardner e Roth, 1989), alface (Huett e White, 1992; Gartia *et al*, 2003), pimento (Hartz *et al.*, 1993; Hochmuth, 2003), abóbora (Studstill *et al.*, 2003), batata (Errebhi *et al.*, 1998; MacKerron *et al.*, 1995), alcachofra (Rodrigo e Ramos, 2007b), cenoura, couve e cebola (Westerveld *et al.*, 2003) e outros. Este método é exato, seguro, prático, simples e pouco dispendioso (Prasad e Spiers, 1984). Tem sido descrito como uma técnica valiosa e rápida para estimar as necessidades de azoto (Kubota *et al.*, 1997), mas também tem sido criticado pela elevada variabilidade dos seus resultados e pela falta de concordância dos valores críticos (Westerveld *et al.*, 2003).

• **Medição de compostos fotossintéticos em folhas utilizando sensores ópticos**

Existem atualmente vários sensores ópticos capazes de medir diferentes compostos fotossintéticos na copa das plantas utilizando métodos de reflexão, transmissão ou fluorescência para determinar o estado nutricional de azoto das plantas.

Reflexão e permeabilidade

Os métodos de reflexão e transmissão baseiam-se no seguinte conceito: parte da radiação incidente nas folhas é reflectida especularmente, enquanto a outra parte penetra na folha e é espalhada várias vezes devido a descontinuidades no índice de refração entre as paredes celulares e o ar, e entre as paredes celulares e a água no tecido foliar. Parte da radiação espalhada pode escapar através da epiderme inferior das folhas e é chamada de radiação transmitida. O resto da radiação continua a sofrer processos de dispersão no interior da folha ou escapa através da epiderme superior, o que se designa por luz difusamente reflectida (Woolley, 1971) e faz parte da radiação total reflectida (Willstatter e Stoll, 1918; Wendlandt, 1966; Kumar *et al.*, 2001). De acordo com o princípio da conservação da energia, a soma da luz absorvida, reflectida e transmitida deve ser igual a um (Lee e Graham, 1986).

O tipo e a quantidade de luz reflectida, absorvida ou transmitida dependem do comprimento de onda da radiação incidente e do seu ângulo de incidência, da rugosidade da superfície da folha (Kumar *et al.*, 2001) e das diferenças nos índices de refração da cutícula para folhas com uma cutícula cerosa (Hoque e Remus, 1996). Além disso, são influenciados pela estrutura interna da folha, pelo teor de pigmentos e pela sua distribuição na folha, bem como pela quantidade e qualidade dos cloroplastos. O ângulo de exposição da folha controla a dispersão e a passagem ótica da luz incidente (Hoque e Remus, 1996). Finalmente, o teor de água da folha, tanto a sua concentração como a sua distribuição, controla o índice de refração na parte visível do espetro eletromagnético e a absorção no infravermelho próximo (Hoque e Remus, 1996).

A investigação neste domínio prosseguiu até meados dos anos 60, altura em que foram realizados trabalhos fundamentais sobre as propriedades ópticas das plantas e as suas características morfológicas. Os trabalhos de Allen, Gates, Gausman *e* Woolley foram pioneiros na utilização da radiação visível e do infravermelho próximo para obter informações sobre a refletividade, a transmissão e a absorção das plantas em diferentes culturas (Gates *et al.*, 1965; Allen e Richardson, 1968; Allen *et al., 1968*).

Na zona verde (cerca de 550 nm, Figura 1) e na zona do vermelho distante (cerca de 700 nm, Figura 1), a reflectância é sensível às variações da clorofila. Isto deve-se ao facto de a absorção da clorofila na zona do vermelho distante do espetro eletromagnético (figura 2) ser suficientemente elevada para permitir que a luz penetre profundamente na folha, ao contrário do que acontece na zona verde (Gausman e Allen, 1973; Gitelson e Merzlyak, 1994), o que explica o facto de a reflectância nestes comprimentos de onda ser máxima na zona verde e mínima na zona vermelha, permitindo uma avaliação muito precisa do teor de clorofila.

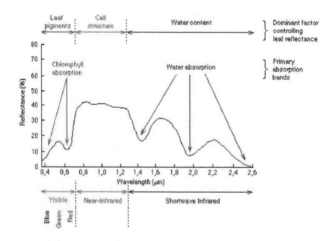

Figura 1: Espectro eletromagnético. Comprimento de onda expresso em pm. Fonte: Hoffer (1978).

As características ópticas das folhas são as mesmas, independentemente da espécie em causa. Uma folha sã apresenta características espectrais diferentes em cada uma das três principais regiões do espetro. A figura 1 mostra que, na gama visível (400-700 nm), a absorção da luz pelos pigmentos da folha domina o espetro de reflexão geralmente baixo (máximo de 15%) da folha. Existem duas bandas de absorção principais, no azul (450 nm) e no vermelho (670 nm), que se devem à absorção dos dois pigmentos principais: Clorofila a e b, que representam 65% do total de pigmentos da folha em plantas superiores.

Na gama do infravermelho próximo (700-1300 nm), a estrutura da folha explica as suas propriedades ópticas. Os pigmentos e a celulose são transparentes a estes comprimentos de onda, pelo que a absorção da radiação é muito baixa (cerca de 10% no máximo), mas não a taxa de reflexão e transmissão, que pode atingir 50%. A terceira gama importante é a dos infravermelhos, entre 1300 e 2500 nm, que se caracteriza pela absorção da radiação pela água contida na folha.

Nos últimos anos, a investigação em teledeteção tem-se baseado na utilização da radiação espetral detectada pelos espectrómetros de campo e pelos radiómetros de satélite e aéreos (espetroscopia de imagem) para determinar as características dos materiais e/ou do coberto da superfície terrestre; estas características podem ser a identificação de um tipo de material (espécies minerais, espécies vegetais) ou a determinação de uma variável ligada a um tipo de coberto (stress vegetal, estado fenológico): a identificação de um tipo de material (espécies minerais, espécies vegetais) ou a determinação de uma variável ligada a um tipo de cobertura (stress vegetal, estado fenológico). A espetroscopia de imagem está particularmente bem adaptada à identificação e classificação do coberto vegetal e, mais ainda, às características fenológicas e bioquímicas das plantas. Os espectros de reflexão correspondentes ao coberto vegetal fornecem informações sobre o estado real do coberto vegetal, uma vez que contêm, entre outras, informações sobre as bandas de absorção da clorofila na parte visível do espetro, os elevados níveis de reflexão das plantas saudáveis no infravermelho próximo e os efeitos de absorção no infravermelho médio devido à presença de água na vegetação saturada (Gates, 1965). De acordo com Clevers et al. (2002), é na banda de transição entre as assinaturas espectrais da vegetação no visível (vermelho) e no infravermelho próximo, conhecida como borda vermelha, que se encontram as principais características de absorção das curvas de reflectância da vegetação, devido ao forte contraste ou deslocamento entre o vermelho e o infravermelho próximo, caracterizada por um valor de reflectância extremamente baixo no vermelho visível, seguido de valores de reflectância elevados no infravermelho próximo, ligados à baixa reflectância no vermelho da clorofila, à estrutura interna e ao teor de água da folha, mostrando que esta zona do espetro é uma das mais importantes.

Esta caraterística de absorção tem uma largura de cerca de 100 nm, entre 680 e 780 nm, e o seu ponto de inflexão ou o declive máximo da curva, conhecido como a posição do bordo vermelho (REP), é geralmente considerado como um parâmetro de comparação entre as assinaturas espectrais de diferentes espécies de plantas ou como um indicador de stress e senescência vegetal na mesma espécie (Clevers et al., 2002).

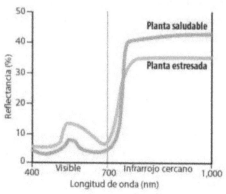

Figura 2: Exemplos de espectros de reflexão de uma planta saudável e de uma planta em stress.

Fluorescência

A fluorescência é uma forma particular de luminescência que caracteriza as substâncias capazes de absorver energia sob a forma de radiação electromagnética e depois emitir parte dessa energia sob a forma de radiação electromagnética de outro comprimento de onda (Skoog *et al.*, 2007).

A fluorescência da clorofila é atualmente uma ferramenta útil como método não invasivo de monitorização do estado das plantas. Para além de não ser destrutiva, esta técnica tem a vantagem de ser rápida e altamente sensível (Tremblay *et al.*, 2012).

Medição do coberto vegetal com sensores ópticos

Alguns medidores de reflectância e fluorescência são utilizados ao nível do dossel e não ao nível das folhas, como os medidores de clorofila foliar; podem, portanto, ser montados em tractores e, com o software e o hardware adequados, permitir uma aplicação variável de fertilizantes com base na reflectância do dossel (Scharf e Lory, 2009). As medições da reflectância estão ligadas às características da copa das árvores, como o índice de área foliar, o teor de azoto e de clorofila nas folhas e a biomassa (Lemaire *et al.*, 2008; Jongschaap, 2006). Alguns dos instrumentos mais utilizados são o CropScan, o GreenSeeker, o CropSpec, o Crop Circle e o Multiplex. Para aplicar estas medições à fertilização com N, recomenda-se vivamente a existência de uma zona de referência em que a cultura não seja deficiente em N, para que as medições em cada zona possam ser comparadas com as da zona sem deficiência (Scharf e Lory, 2009). Os dados de reflectância medidos pelos sensores permitem ao utilizador calcular índices de vegetação convencionais como o NDVI (Rouse *et al.*, 1973) e outros índices como o REDVI (Cao *et al.*, 2013). Barker e Sawyer (2010) salientaram a importância do desenvolvimento de algoritmos baseados em medições de reflectância para a utilização destes sensores como ferramenta de gestão do azoto na produção agrícola, mas alertam para o facto de estes algoritmos estarem limitados a condições de cultura semelhantes às utilizadas para o seu desenvolvimento.

Um estudo recente sobre a viabilidade económica de tais medidas na cultura do milho nos Estados Unidos mostrou que foram alcançados benefícios económicos na maioria dos campos estudados (Roberts *et al.*, 2010).

As técnicas baseadas na medição da reflectância são amplamente utilizadas para várias culturas, mas existem poucos estudos de aplicação para a gestão de fertilizantes azotados em culturas hortícolas (El-Shikha *et al.*, *2007;* Pena *et al.*, 2012).

Equipamento de medição

Dispositivo de medição SPAD

O medidor de clorofila SPAD-502 (Spectrum Technologies, Inc, IL, EUA) é um espetrofotómetro portátil utilizado para medir a cor verde das folhas e determinar o estado nutricional das plantas. A cor verde das folhas está intimamente ligada à clorofila, que, por sua vez, está ligada ao teor de azoto das folhas. O medidor SPAD mede a diferença de luz transmitida pela folha a 650 nm, o máximo de absorção da clorofila, e a 940 nm, um valor de referência no infravermelho que depende apenas da estrutura da folha. O valor SPAD calculado pelo aparelho é proporcional à densidade ótica relativa entre os dois comprimentos de onda.

A utilização do aparelho de medição SPAD deve ter em conta vários factores, como o momento da medição, a intensidade da irradiação e o estado Wdromic da planta (Hoel e Solhaug, 1998; Martinez e Guiamet, 2004). Alguns estudos mostram que o clorofilómetro só é capaz de detetar deficiências graves de azoto (Villeneuve *et al.*, 2002) ou requer uma parcela bem fertilizada como referência (Westcott e Wraith, 1995). Outros autores duvidam que o clorofilómetro possa determinar de forma fiável a concentração de azoto nas plantas (Himelrick *et al.*, 1993).

Aparelho de medição Dualex®

O aparelho de medição Dualex (Force-A, Pans, França) é um instrumento portátil que permite medir a clorofila e os polifenóis das folhas. Tal como no SPAD, o teor de clorofila é calculado a partir da relação entre a transmissão de dois comprimentos de onda nas regiões vermelha e infravermelha do espetro na folha. O teor de polifenóis é estimado a partir da relação entre a fluorescência da clorofila no infravermelho e a excitação nas regiões vermelha e ultravioleta do espetro (Goulas *et al.*, 2004).

A Dualex fornece um índice NBI sob a forma de um rácio entre o teor de clorofila e de flavonóides. Este índice introduz o teor de flavonóides como um fator de stress, reforçando quaisquer deficiências nutricionais na planta. A acumulação de compostos fenólicos foi descrita em casos de stress alimentar (Kiraly, 1964; McClure, 1977; Chishaki e Horiguchi, 1997; Cartelat *et al.*, 2005; Cerovic *et al.*, 2012) e também em casos de stress imdrico (Estiarte *et al.*, 1994).

Dispositivo de medição multiplex®

O Multiplex® (Force-A, Orsay, França) é um sensor ótico multiparamétrico portátil que gera fluorescência no tecido vegetal utilizando várias fontes de luz no ultravioleta, azul, verde e vermelho. Pode medir simultaneamente e de forma não destrutiva o teor de diferentes compostos, como antocianinas, flavonóides e clorofila. Existem estudos que mostram a relação entre o estado nutricional das plantas e as medições multiplex, por exemplo, os estudos de Zhang *et al.* (2012) sobre o milho e de Agati *et al.* (2013 e 2015) sobre os telhados verdes.

Existem poucos estudos sobre o Multiplex no que diz respeito ao fornecimento de azoto nas culturas hortícolas. Em estudos realizados com milho, comparando o sistema com outros sensores como o SPAD e o Dualex, foram observadas correlações significativas entre os valores do índice SFR do Multiplex, que estão relacionados com o teor de clorofila, e os valores de medição de clorofila dos dispositivos SPAD e Dualex (Zhang *et al.*, 2012).

Contador de círculos nas plantações

O Crop-Circle ACS-430 é um sensor de luz ativo, independente das condições de luz do dia, que emite radiação em três comprimentos de onda e mede simultaneamente a reflectância nesses mesmos três comprimentos de onda: 670 nm, 730 nm e 780 nm (NIR). Para além dos valores de reflectância, são determinados os índices NDVI e NDRE. O primeiro é um estimador do coberto vegetal (Rouse *et al.*, 1973) e o segundo estima o teor de azoto (Barnes *et al.*, 2000).

O sensor pode ser instalado em quase todos os tipos de veículos e, quando equipado com o software adequado, pode ser utilizado para uma amostragem muito intensiva das culturas.

Existem poucos estudos que utilizam o Crop-Circle ACS 430 para a determinação do azoto em culturas hortícolas. Pena *et al* (2012), que utilizaram o Crop-Circle 470, encontraram diferenças significativas na relação de reflectância NIR/verde para o melão e Shaver et *al* (2007),   que
                            utilizaram o   NDVI, encontraram diferenças significativas na reflectância NIR/verde para o melão   e Shaver *et al (2007)*, que utilizaram o NDVI, encontraram diferenças significativas na reflectância NIR/verde para o melão.
significativamente em ma^z para diferentes valores de fertilização azotada, obtendo-se valores mais elevados nos tratamentos com maior quantidade de fertilizante.

1.2.3. Modelos de simulação

Alguns autores propuseram a utilização de modelos como instrumentos de diagnóstico para situações de défice hídrico ou de nutrientes (Batchelor *et al.*, 2002; Jones *et al.*, 2003). No entanto, os modelos de simulação requerem uma quantidade considerável de dados, que por vezes são difíceis de obter. No entanto, foi proposto que certas medições de plantas em desenvolvimento podem ser integradas ou "assimiladas" num modelo, a fim de corrigir algumas das suas imperfeições (Jongschaap, 2006). Esta abordagem está a tornar-se cada vez mais importante à medida que são desenvolvidas ferramentas que podem facilmente estimar certos dados sobre o estado nutricional das plantas num determinado momento (Prevot *et al.*, 2003; Baret *et al.*, 2007). Estes modelos, uma vez recalibrados com base em medições efectuadas em momentos específicos, podem ser utilizados para determinar a fertilização azotada mais adequada (Houles, 2004).

Existem muitos modelos para simular a dinâmica do azoto nos sistemas agrícolas, mas a maioria diz respeito a culturas extensivas, principalmente cereais. Em geral, o seu objetivo é prever o movimento e a transformação do azoto no sistema solo-planta, mas alguns deles exigem menos dados, o que os torna melhores candidatos para as recomendações de fertilizantes azotados. Alguns dos modelos mais recentes ou amplamente utilizados e testados incluem: DSSAT (Jones *et al.*, 2003), STICS (Brisson *et al.*, 2003), APSIM (Keating *et al*, 2003), NDICEA (Van der Burgt *et al.*, 2006), NLEAP (Shaffer *et al.*, 1991; Shaffer *et al.*, 2010), N_ABLE (Greenwood, 2001), EU-Rotate_N (Rahn *et al.*, 2010a), SMCR_N (Zhang *et al.*, 2010). Informações sobre outros modelos de N no contexto agrícola podem ser encontradas em Kersebaum *et al.* (2007) e Cannavo *et al.* (2008).

Entre estes modelos, os modelos N_ABLE, EU-Rotate_N e SMCR_N foram desenvolvidos para utilização em culturas hortícolas em particular. Estes três modelos têm alguns pontos em comum, uma vez que o módulo de crescimento segue o modelo utilizado por Greenwood para o modelo N_ABLE (Greenwood, 2001). O modelo NLEAP foi também avaliado com resultados satisfatórios para certas culturas hortícolas (Delgado *et al.*, 2000). O modelo EU-Rotate_N (Rahn *et al.*, 2010b) foi avaliado com resultados aceitáveis noutros estudos (Doltra e Munoz, 2010; Doltra *et al.*, 2010).

Em geral, todos os modelos requerem calibração e validação num determinado ambiente, definido pela cultura, solo, clima e práticas culturais. Para tal, é necessário dispor de um conjunto de dados de ensaios de fertilização azotada, tendo em conta que quanto maior for a base de dados sobre a qual um modelo pode ser calibrado, maior será a fiabilidade das previsões.

1.2.4. Sistemas baseados no equilíbrio do azoto

Estes sistemas podem ser considerados como modelos altamente simplificados, nos quais os vários componentes do balanço do azoto são estimados ou calculados de forma aproximada.

A equação geral do balanço do azoto pode ser expressa da seguinte forma (Meisinger e Randall, 1991):

$$(N_f + N_r + N_{mn} + N_{fd} + N_{da} + N_a) - (N_l + N_p + N_d + N_v) = ANs$$

em que N_f é o N fornecido sob a forma de fertilizante, N_r é o N fornecido pela água de irrigação, N_{mn} é o N fornecido pela mineralização líquida da matéria orgânica do solo, N_{fd} é o N fornecido pela fixação biológica, N_{da} é o N fornecido pela deposição atmosférica, N_a é o amónio, que é libertado do espaço interlaminar das argilas, N_l é o N lixiviado, N_p é o N extraído pela planta, N_d é a perda de N por desnitrificação, N_v é a perda de N por volatilização e ANs é a variação do teor de azoto mineral no perfil do solo durante o cultivo.

Exemplos de tais programas são o AZODYN (Jeuffroy e Recous, 1999), utilizado no trigo, ou o AZOFERT (Dubrulle *et al.*, 2003), avaliado em cereais e beterraba sacarina, ambos em França.

- Mineralização

Nos sistemas baseados em medições do solo, em modelos de simulação ou no balanço do azoto, a entrada de azoto através da mineralização da matéria orgânica do solo pode representar uma proporção significativa do azoto disponível para as plantas, daí a importância da sua determinação. Nos seus

17

trabalhos sobre plantas hortícolas, Fink e Scharpf (2000) e Tremblay et al. (2001) estimaram uma taxa de mineralização de 5 kgN/ha por semana, o que significa que, numa cultura de couve-flor de 90 dias, pode ser obtido um fornecimento de azoto de 60 kgN/ha.

A medição da mineralização através de ensaios de incubação em laboratório coloca problemas de transposição para as condições de campo (Lidon et al., 2005). Por esta razão, foram desenvolvidos métodos para determinar a taxa de mineralização do azoto no campo (Hatch et al., 2000), cuja caraterística comum consiste em isolar uma certa quantidade de solo durante um período de incubação, evitando assim processos susceptíveis de influenciar o reservatório de azoto inorgânico, como a absorção radicular, as perdas por lixiviação e a deposição atmosférica. Um desses métodos é o método IER-Core, proposto por DiStefano e Gholz (1986) e modificado por Fisk e Schmidt (1995). Numa meta-análise recente de diferentes métodos de previsão da mineralização por análise do solo (Ros et al., 2011), os autores não defendem uma única análise ou teste, mas uma abordagem que tenha em conta tanto a análise química como outras propriedades do solo e condições ambientais.

1.3 Situação atual

O presente trabalho avaliou diferentes medições de azoto vegetal com vista à sua utilização como sistema de recomendação para a fertilização azotada da cultura da couve-flor. Faz parte do projeto nacional "Integração de medições de solo e planta e modelos de simulação para uma gestão eficiente do azoto em culturas hortícolas" (RTA-2011-00136-C04-02), financiado pelo I.N.I.A. e no qual colaboraram várias comunidades autónomas.

O projeto tem duas vertentes claramente distintas. A primeira visa avaliar e integrar diferentes métodos para determinar a fertilização azotada em certas culturas hortícolas. Alguns baseiam-se em medições do solo (teor de N mineral), outros em medições da planta (nitrato na seiva, clorofila e reflexão da coroa) e em modelos de simulação. A segunda vertente consiste em desenvolver um sistema de recomendação de fertilização que, com base em informações facilmente acessíveis ao agricultor (tipo de solo, dados relativos ao fertilizante e à produção da cultura anterior, bem como à produção esperada da cultura em causa), permita emitir recomendações de fertilizantes azotados em função das necessidades. Este segundo aspeto é mais diretamente aplicável ao sector hortícola. Os trabalhos realizados no âmbito deste projeto na Comunidade Autónoma de La Rioja centraram-se na cultura da couve-flor.

2. OBJECTIVOS

O objetivo geral desta tese foi avaliar diferentes medidas de azoto na planta para as utilizar como sistema de recomendação da fertilização azotada na cultura da couve-flor.
Para atingir este objetivo, foi proposto que

- Estudar o impacto do azoto disponível na produção e na eficiência da utilização do azoto numa cultura de couve-flor (*Brassica oleracea* var. *botrytis*).

- Avaliação da medição da concentração de nitrato na seiva e do método Nmin numa cultura de couve-flor (*Brassica oleracea* var. *botrytis*) para determinar o estado nutricional.

- Avaliação da reflectância, fluorescência e transmitância foliares utilizando sensores ópticos como estimadores do estado nutricional de azoto numa cultura de couve-flor (*Brassica oleracea* var. *botrytis*).

3 MATERIAIS E MÉTODOS

Este capítulo sobre materiais e métodos está dividido em três secções principais:

A primeira refere-se aos ensaios de fertilização azotada da couve-flor da variedade Barcelona, realizados nas parcelas experimentais da Finca Valdegon do CIDA-SIDTA (Servicio de Investigacion y Desarrollo Tecnologico Agroalimentario) do Governo de La Rioja. A segunda secção descreve os ensaios de fertilização azotada da variedade típica de couve-flor, realizados na mesma exploração experimental. Por último, a terceira secção trata dos ensaios de fertilização azotada da couve-flor (variedade Casper) realizados na exploração experimental do INTIA (Instituto Navarro de Tecnologias e Infra-estruturas Agroalimentares) de Sartaguda (Navarra). A metodologia utilizada foi a mesma para todos os ensaios, com algumas excepções, que se descrevem sucintamente a seguir.

As análises laboratoriais necessárias para o estudo foram efectuadas no CIDA-SIDTA e no laboratório regional do Governo de La Rioja.

2.1. Ensaios de fertilização azotada em couves-flores de Barcelona.

Foram efectuados três ensaios em parcelas experimentais na Finca Valdegon em Agoncillo (La Rioja), a uma altitude de 342 metros acima do nível do mar (UTM, 558.332/4.702.004). Uma vez que os ensaios foram efectuados em parcelas diferentes e com diferentes doses de fertilizantes, os três ensaios de 2012, 2013 e 2014 são descritos separadamente.

2.1.1. Ano 2012

Localização e condições de partida

Na experiência de 2012, foram plantadas couves-flores da variedade Barcelona, com um ciclo curto de 90 dias, destinadas ao mercado de frescos, num solo argiloso classificado como *torripsamments oxicauicos* (Soil Survey Staff, 2006). As suas características são apresentadas no quadro 1.

Tabela 1. propriedades físico-químicas do solo na var. Barcelona (2012).

Abl. cm	Areia	Silte %.[1]	Argila[1] % % Argila	M.O.[2]	Valor do pH[3]	E.C.[4] dS/m	Ppm[5]	K ppm[5]	Textura[1]
0-15	28,1	49,1	22,8	1,48	8,3	0,31	6,16	194,3	Franco
15-30	26,6	50,2	23,2	1,45	8,3	0,30	7,05	200,9	Argila
30-60	26,6	50,7	22,7	1,14	8,2	0,86	3,48	148,2	Argila
60-90	31,2	44,5	24,4	0,77	8,3	0,88	0,78	113,7	Franco

1) USDA (DEPARTAMENTO DE AGRICULTURA DOS ESTADOS UNIDOS). 2) Matéria orgânica oxidável. 3) H2O (1:5). 4) 25°C (1:5). 5) Mehlich III.
2)

Estrutura experimental

Foram efectuados quatro tratamentos com quatro repetições, segundo um esquema aleatório correspondente ao Nmin inicial. A parcela elementar tinha uma superfície de 81 m2 e continha 6 filas de plantas. Foi utilizada uma profundidade máxima de enraizamento de 0,6 m para calcular o balanço do azoto, a lixiviação, etc.

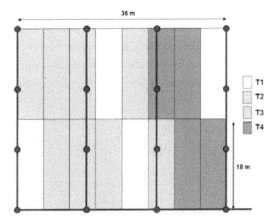

Figura 3. Diseño experimental y distribución de los tratamientos en función del nitrógeno
Matéria mineral disponível (Nmin+N fertilizante) no ensaio de 2012 com a variedade Barcelona. N disponível
(kgN/ha): T1: 93; T2: 189; T3: 270; T4: 322. As linhas e círculos azuis indicam a rede de irrigação.

Como adubação de pré-cultivo, foi aplicado 0-150-275 kg/ha de um adubo complexo N-P-K, e
como adubação de cobertura, 31 dias após a transplantação (DDT), foi aplicado um adubo azotado sob
a forma de nitrosulfato de amónio 26-0-0, a uma taxa variável em função do azoto disponível nos
tratamentos (quadro 2).

Tratamentos experimentais em função do azoto disponível na variedade Barcelona (2012).

Tratamentos	T1	T2	T3	T4
Navio (kgN/ha)	93	189	270	322
Nmin[1] (kgN/ha)	93	102	121	128
Fertilizante N (kgN/ha)	0	87	149	194

1) Nitrato e amónio

A plantação foi efectuada a 13 de agosto, em tabuleiros separados por 1,5 m entre eixos, com
duas camas de plantação por tabuleiro (0,75 x 0,6 m), o que permitiu uma densidade de 23.412
plantas/ha. A irrigação foi efectuada por aspersão, de acordo com o programa de irrigação dupla da
FAO56 (Allen *et al.*, 1998). Foi efectuado um balanço hídrico diário até à profundidade de 0,6 m com
base nos dados fornecidos pelo SIAR (Serviço de Informação Agroclimática de La Rioja) a partir da
estação agroclimática situada na mesma exploração. Os dados relativos à ocupação do solo e à altura
foram introduzidos diariamente através dos modelos descritos a seguir. Para verificar a evolução do
perfil de humidade, foram instaladas oito sondas Watermark em quatro estações distribuídas pelo
ensaio, a duas profundidades diferentes (0,3 e 0,6 m). Os tratamentos fitossanitários foram os
recomendados para a manutenção da sanidade da cultura.

Amostragem e resultados

A fim de dispor de dados para atualizar o balanço hídrico diário, foram recolhidos dados sobre a altura e o coberto vegetal para os quatro tratamentos. Para determinar o coberto vegetal, foram tiradas fotografias digitais de todas as réplicas do ensaio a intervalos regulares e o coberto vegetal foi calculado utilizando o programa de tratamento de imagens Gimp® (Campillo et al., 2010). No mesmo dia, foi medida a altura de cinco plantas por réplica.

$$COB = \frac{A}{1 + EXP\left(-B\left(IT_{5,5} - C\right)\right)} \qquad [1]$$

O coberto vegetal (COB, %) foi modelado em função da integral térmica com um limiar de 5,5°C (IT5,5) (Maroto, 2002), utilizando um modelo logístico do tipo

Para o efeito, A estima a sobreposição máxima, B o declive inicial e C o ponto em que se atinge 50% da sobreposição final.

$$ALT = A + \frac{B}{1 + EXP\left(-C\left(IT_{5,5} - D\right)\right)} \qquad [2]$$

A altura da planta (m) foi tratada de forma semelhante como uma função da integral térmica com um valor limite de 5,5°C, utilizando um modelo logístico:

Neste caso, A estima a altura inicial da planta aquando da transplantação e A+B a altura máxima da planta. Os parâmetros C e D têm o mesmo significado que no modelo de cobertura.

Os dois modelos foram ajustados através de regressão não linear e os parâmetros correspondentes foram posteriormente comparados entre tratamentos através de um teste t de Student.

O Nmin (nitrato e amónio) foi determinado na plantação, quarenta e oito dias após a plantação (DDT) e na colheita. Para o efeito, foram colhidas duas amostras de cada parcela elementar, com o solo misturado em camadas a uma profundidade de 0-15, 15-30, 30-60 e 60-90 cm. O solo foi extraído com KCl 1M e analisado com o auto-analisador AxFlow AA3 para determinar o teor de nitrato e de amónio.

A taxa de mineralização foi determinada aproximadamente de quinze em quinze dias. Foram utilizados tubos de PVC de 0,25 m de comprimento com um filtro de resina na extremidade distal para recolher o nitrato lixiviado (DiStefano e Gholz, 1986). Foi inserido um tubo em cada parcela elementar, evitando o contacto com o solo. A mineralização líquida em cada tubo foi calculada como a diferença entre o teor final de Nmin e o teor inicial de Nmin, mais o azoto retido nas resinas.

Aos 28, 49 e 63 DDT e na colheita, o peso fresco, o peso seco, o azoto total e o N-NO3⁻ foram determinados nas folhas e nos pellets de cinco plantas por parcela elementar. O azoto total foi analisado pelo método de Kjeldhal (AOAC, 1990) e o teor de nitratos por extração com 0,025 M Ah(SO4)3H8H2O, e a concentração de nitratos foi medida pelo método do elétrodo seletivo de iões (Jones e Case, 1990; Miller, 1998).

O modelo geral do azoto de Greenwood (1986), o modelo do género *Brassica* de Greenwood (1996) e o modelo EU_Rotate (Rahn *et al.*, 2010a e 2010b) foram aplicados a todos os resultados de peso seco e de azoto total obtidos nos ensaios para cada variedade, a fim de verificar qual o modelo que melhor distinguia os tratamentos deficientes em azoto dos tratamentos não deficientes. Foram considerados como tratamentos deficientes em azoto aqueles cuja produção foi significativamente inferior à dos restantes tratamentos e cujo azoto disponível foi inferior aos valores recomendados na literatura e nos desenhos experimentais. Na Figura 4 estão representados os valores obtidos com a variedade Barcelona nos ensaios de 2012, 2013 e 2014 para biomassas superiores a 1 Mg/ha, bem como os modelos referidos anteriormente. Não foram tidos em conta valores de biomassa inferiores a 1 Mg/ha, uma vez que para estes valores de biomassa a concentração de azoto cítico é independente da biomassa acima do solo (Justes *et al.*, 1994). Dos três modelos

O modelo geral de Greenwood (1986) colocou corretamente 97,4% dos tratamentos considerados como não deficitários e 62,1% dos tratamentos deficitários. Os modelos de Greenwood (1996) e EU-Rotate (Rahn *et al.*, 2010a e 2010b) colocaram corretamente 100% dos tratamentos deficitários, mas apenas 18% e 39% dos tratamentos não deficitários, respetivamente. É, portanto, a forma geral deste modelo que é utilizada na análise dos resultados.

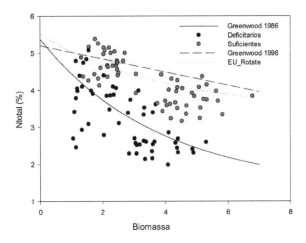

Figura 4. Azoto foliar total (%) e biomassa (Mg/ha) da couve-flor variedade Barcelona nos ensaios de 2012, 2013 e 2014. As linhas correspondem aos modelos gerais de azoto de Greenwood (1986), *Brassica* (Greenwood (1996) e EU-Rotate (Rahn *et al.*, 2010a e 2010b). Defeitos: tratamentos e réplicas cujo azoto disponível é inferior aos valores recomendados na literatura e no próprio desenho experimental. Valores de biomassa superiores a 1 Mg/ha.

A colheita foi efectuada entre 66 e 84 DDT. Numa subparcela de 9 m^2, todas as plantas foram colhidas. O peso total de cada planta e o peso do pellet com e sem as folhas basais foram determinados. Todos os pellets de qualidade Extra ou Primeira com um diâmetro superior a 11 cm foram considerados comerciais (CEE, 1998). Neste ensaio e em ensaios posteriores, os dados de colheita foram ajustados para o azoto mineral disponível numa regressão linear em duas fases (equação 3), procurando-se o valor mais elevado de rendimento para o valor mais baixo de azoto mineral disponível no solo.

$$y = b * Ndisp(Ndisp < a) + b * a(Ndisp \geq a) \qquad [3]$$

Onde y é o rendimento em pellets, $Ndisp$ é o teor de azoto mineral disponível no solo e a e b são parâmetros de regressão. O parâmetro a corresponde ao valor da abcissa em que o declive se torna zero. O produto $a \times b$ é o valor da ordenada que estima o valor máximo do rendimento.

As medições foram efectuadas com os equipamentos SPAD (Mod. 502, Minolta), Dualex® e Multiplex® em quatro datas ao longo da colheita e na mesma folha. 24 (força A). As medições foram efectuadas às 11 horas da manhã numa folha completamente desenvolvida por planta de dez plantas por parcela elementar. Cinco pecíolos destas plantas foram esmagados e misturados no laboratório para extrair a seiva por prensagem. Uma parte desta amostra foi diluída (se necessário) em água desionizada e o teor de N-NO3 foi medido com um refletómetro portátil RQflex©.

O sensor SPAD mede a concentração relativa de clorofila utilizando a luz transmitida pela folha a 650 nm (comprimento de onda fotossinteticamente ativo) e 940 nm.

O sensor Dualex fornece três índices. O índice Chl é uma estimativa do teor de clorofila com base no rácio de transmissão na folha entre o vermelho a 710 nm e o infravermelho próximo (NIR) a 850 nm. O índice FLAV é uma estimativa do teor de flavonóides das folhas, que aumenta em condições de deficiência de azoto. O índice de balanço de azoto, NBI, é calculado como a razão entre Chl e FLAV.

O índice Chl é uma estimativa do teor de clorofila e é expresso da seguinte forma:

$$Chl = \frac{\tau_{NIR} - \tau_R}{\tau_R} \qquad [4]$$

em que τ_{NIR} e τ_R são as permeabilidades no infravermelho próximo (NIR) e no vermelho (R).

O índice FLAV é uma estimativa do teor de flavonóides e é expresso da seguinte forma

$$FLAV = \log \frac{CF_{NIR}^{R}}{CF_{NIR}^{UV-A}} \qquad [5]$$

em que CF_{NIR} é a fluorescência da clorofila no infravermelho próximo (NIR), excitada pelo vermelho (R) e ultravioleta (UV-A). A diferença entre as duas fluorescências é proporcional à quantidade de flavonóides presentes na epiderme da folha. Os índices Chl e FLAV podem ser utilizados para calcular o índice NBI como um quociente entre eles.

O sensor multiplex gera fluorescência no tecido vegetal utilizando a excitação de diferentes fontes de luz para obter até vinte parâmetros relacionados com o estado fisiológico da planta. Neste trabalho, utilizámos o índice SFR-R, que é um estimador do teor de clorofila obtido pela razão entre a fluorescência vermelha e a fluorescência vermelha distante, e o NBI.

O índice SFR é expresso da seguinte forma:

$$SFR\text{-}R = F_{NIR}\text{-}\frac{visível}{F_R{}^{visível}} \quad [6]$$

em que FNIR e FR são, respetivamente, a fluorescência da clorofila no infravermelho próximo (NIR) e no vermelho (R), ambas excitadas na gama do visível.

O índice FLAV é determinado da mesma forma que a descrita para o sensor DUALEX. A partir dos índices SFR-R e FLAV, é possível calcular o índice NBI como a razão clorofila/flavonol.

No dia 1 de outubro, foi efectuada uma medição da reflectância a 49 DDT utilizando o Crop-Circle ACS-430 (Holland Scientific), que mede a reflectância do solo e das plantas a 670, 730 e 780 nm. O sensor Crop-Circle é um sensor ativo que emite radiação na gama visível e, por conseguinte, não depende da radiação solar para medir a reflectância. Foram desenhadas duas faixas de 5 m de comprimento nas duas linhas interiores de cada parcela elementar, a uma altura de 0,9 m acima do solo, ou seja, um varrimento de 0,75 m à superfície do solo. Este sensor fornece os índices NDVI e NDRE. O índice NDVI (Rouse et al., 1973) é um dos índices de vegetação mais utilizados e varia entre 0,1 para solo nu e 0,9-1,0 para um coberto vegetal totalmente desenvolvido. É calculado como o quociente entre a diferença e a soma das reflexões do NIR (780 nm) e do vermelho (670 nm). O índice NDRE é semelhante ao NDVI, mas utiliza a reflectância a 730 nm em vez de 670 nm e é sensível a alterações na clorofila A das folhas ou no teor de azoto. Um valor NDRE mais baixo significa um aumento da reflectância a 730 nm, indicando um menor teor de clorofila (Fitzgerald et al., 2006).

Foi efectuado um balanço do azoto no sistema solo-planta. Os parâmetros de entrada do sistema foram definidos como o azoto mineral inicialmente presente no solo, o azoto aplicado sob a forma de fertilizantes e o azoto fornecido pela mineralização da matéria orgânica do solo durante o ciclo de colheita. Os parâmetros de saída foram definidos como o azoto mineral presente no solo no final da colheita, o azoto extraído pela planta e o azoto lixiviado.

$$(N_{min} + N_{fert} + N_{miner}\, N_{minf} - N_{ext} - N_{lix}) = ANs \quad [7]$$

Em que Nmin é o azoto mineral inicialmente presente no solo, Nfert é o azoto fornecido sob a forma de fertilizante, Nminer é o azoto fornecido pela mineralização líquida da matéria orgânica do solo, Nlix é o azoto lixiviado, Next é o azoto removido pelas culturas, Nminf é o azoto removido pelo solo, Nminf é o azoto lixiviado pelo solo, Nminer é o azoto removido pelas culturas e Nminf é o azoto removido do solo pelas culturas. 25 é o azoto mineral no solo no final da cultura e ANs é a variação do teor de azoto mineral no perfil do

25

solo durante a cultura.

Lixiviação de N-NO3⁻ foi calculada a partir de um balanço hídrico e da concentração média de N-NO3⁻ entre as camadas de 30-60 e 60-90 cm. A eficiência da utilização do azoto (NUE) foi calculada como a relação entre o rendimento comercial e o azoto disponível (N mineral inicial + N aplicado) (Moll *et al.*, 1982).

Os resultados foram analisados estatisticamente utilizando a análise de variância (ANOVA), a análise de regressão linear e não linear e os testes t de Student e de Tukey com o programa SYSTAT® 12. A normalidade e a homocedasticidade dos dados foram verificadas antes da análise. A Tabela 3 apresenta um resumo de alguns dados fenológicos e vegetais.

Dados do ensaio em var. Barcelona (2012).

Data de plantação	13/08/2012
Densidade de plantação (plantas.ha-1)	23.412
Número de regas	16
Irrigação acumulada (mm)	211
Precipitação (mm)	121
Assinante	13/09/2012
Início da formação de grânulos*.	01/10/2012
Coleção Penodo	17/10/12-05/11/12

*O início da formação dos grânulos é considerado o momento em que são detectados grânulos com um diâmetro de 1 mm.

2.1.2. Ano 2013

Localização e condições de partida

O ensaio foi efectuado na exploração SIDTA. A couve-flor de Barcelona foi cultivada num solo de textura areno-argilosa, classificado como *torriortenico oxicaúrico* (Soil Survey Staff, 2006), cujas características são apresentadas no quadro 4.

Tabela 4. Propriedades físico-químicas do solo na var. Barcelona (2013).

Abl. cm	Areia	Silte %.[1]	Argila[1] % Argila	% M.O.[2]	Valor do pH[3]	E.C.[4] dS/m	Ppm[5]	K ppm[5]	Textura[1]
0-15	57,7	32,1	10,3	0,56	8,4	0,16	4,2	132,0	Fco. arenoso
15-30	57,0	32,6	10,5	0,56	8,5	0,16	7,6	111,9	Fco. arenoso
30-60	73,9	19,1	7,0	0,26	8,7	0,10	0,8	50,0	Fco. arenoso
60-90	84,3	11,4	4,3	0,13	8,8	0,09	0,1	27,9	Fco. arenoso

1) USDA (DEPARTAMENTO DE AGRICULTURA DOS ESTADOS UNIDOS). 2) Substância orgânica oxidável. 3) H_2O (1:5). 4) 25°C (1:5). 5) Mehlich III.

Estrutura experimental

As características do ensaio em termos de distribuição do campo, rega, cálculo das necessidades hídricas, coberto e altura das plantas e instalação de sondas de marca de água foram semelhantes às de 2012. De referir que ocorreu um episódio de granizo a 6 de setembro, que afectou a cultura e atrasou o seu desenvolvimento, embora não tenha tido impacto no desenvolvimento final das plantas.

A transplantação foi efectuada a 7 de agosto em tabuleiros com um espaçamento de 1,5 m entre eixos, com uma fila dupla por tabuleiro e uma densidade de 20.550 plantas/ha. Antes da plantação, aplicou-se 0-140-260 kg/ha de um adubo complexo N-P-K e, 26 dias após a plantação (DDT), procedeu-se à adubação azotada sob a forma de nitrosulfato de amónio 26-0-0, numa dose variável em função do azoto disponível (quadro 5).

Tratamentos experimentais em função do azoto disponível na variedade Barcelona (2013).

Tratamentos	T1	T2	T3	T4
Navio (kgN/ha)	67	130	193	260
Nmin inicial (kgN/ha)	67	80	93	130
Fertilizante N (kgN/ha)	0	50	100	130

O desenho do ensaio foi baseado no teor inicial de azoto mineral do solo (Nmin) e consistiu em quatro tratamentos com quatro repetições (Quadro 5). A parcela de base cobria uma área de 81 m^2 e continha 6 Kneas (Figura 5).

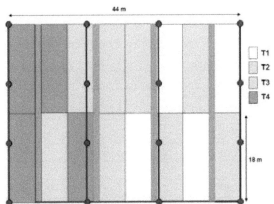

Instalação experimental e distribuição do azoto mineral disponível na parcela experimental de 2013 com a variedade Barcelona. N disponível (kgN/ha): T1: 67; T2: 130; T3: 193; T4: 260. As linhas e círculos azuis indicam a rede de rega. As zonas verdes indicam os corredores.

Amostragem e resultados

O Nmin (nitrato e amónio) foi determinado na plantação, quarenta e oito dias após a plantação (DDT) e na colheita. Para o efeito, foram recolhidas duas amostras de cada parcela elementar nas profundidades de 0-15, 15-30, 30-60 e 60-90 cm, com o solo misturado em camadas.

A taxa de mineralização foi determinada de quinze em quinze dias com filtros de resina (DiStefano e Gholz, 1986). Introduziu-se um tubo em cada parcela de elementos dos tratamentos T1 e T4, sem perturbar o solo.

Para 23, 43, 56 e 76 DDT e na colheita, foram determinados o peso fresco, o peso seco e o azoto total nas folhas e nos pellets de cinco plantas por parcela elementar.

27

A colheita foi efectuada entre 64 e 86 DDT numa subparcela de 9 m de comprimento[2], da qual foram recolhidas todas as plantas. O peso total e o peso dos pellets foram determinados para cada planta. Todos os pellets de qualidade extra ou de primeira qualidade com um diâmetro superior a 11 cm foram considerados como sendo de qualidade comercial (CEE, 1998).

As medições foliares foram efectuadas cinco vezes durante a cultura, com os instrumentos SPAD (Mod. 502, Minolta), Dualex® e Multiplex® (Force-A), às 11h00, numa folha adulta por planta, em dez plantas por parcela elementar. Cinco pecíolos destas folhas foram triturados e misturados no laboratório para a extração da seiva e a determinação do teor de nitratos segundo o método descrito no ensaio de 2012. As medições de reflectância a 670, 730 e 780 nm foram efectuadas em três datas utilizando o Crop-Circle™ ACS-430 (Holland Scientific). Foi traçado um caminho de 12 metros ao longo das duas linhas interiores de cada parcela elementar.

Tal como no ano passado, foi estabelecido um balanço de azoto. A lixiviação de N-NO3⁻ foi calculada a partir de um balanço hídrico e da concentração média de N-NO3⁻ entre as camadas de 30-60 e 60-90 cm. A eficiência da utilização do azoto (NUE) foi calculada como a relação entre o rendimento comercial e o azoto disponível (N mineral inicial + N aplicado) (Moll *et al.*, 1982).

O tratamento estatístico dos resultados é semelhante ao descrito para o ensaio de 2012. Um resumo de alguns dados fenológicos e fitossanitários é apresentado no quadro 6.

Dados do estudo no Var. Barcelona (2013).

Data de plantação	07/08/2013
Densidade de plantação (plantas.ha-1)	20.550
Número de regas	20
Irrigação acumulada (mm)	194
Precipitação (mm)	65
Assinante	02/09/2013
Início da formação de grânulos*.	30/09/2013
Tempo de colheita	09/10/13-31/10/13

*O início da formação dos grânulos é considerado o momento em que são detectados grânulos com um diâmetro de 1 mm.

2.1.3. Ano 2014

Localização e condições de partida

O ensaio foi efectuado na exploração SIDTA. As couves-flores de Barcelona foram cultivadas num solo argiloso classificado como *torriortênico oxiacúcico* (Soil Survey Staff, 2006), cujas características são apresentadas no quadro 7.

Tabela 7: Propriedades físico-químicas do solo na variedade Barcelona (2014).

Abl. cm	Areia	Silte %.[1]	Argila[1] % Argila	% M.O.[2]	Valor do pH[3]	E.C.[4] dS/m	Ppm[5]	K ppm[5]	Textura[1]
0-15	28,10	49,11	22,79	1,48	8,26	0,31	6,2	194,3	Franco

15-30	26,61	50,19	23,20	1,45	8,30	0,30	7,0	200,9	Franco
30-60	26,60	50,70	22,71	1,14	8,22	0,86	3,5	148,1	Franco
60-90	31,15	44,48	24,37	0,77	8,29	0,88	0,8	113,7	Franco

1) USDA (DEPARTAMENTO DE AGRICULTURA DOS ESTADOS UNIDOS). 2) Substância orgânica oxidável. 3) H_2O (1:5). 4) 25°C (1:5). 5) Mehlich III.

Estrutura experimental

As características do ensaio em termos de distribuição do campo, irrigação, cálculo das necessidades hídricas, cobertura e altura de plantação e instalação de sondas de marca de água foram semelhantes às de 2012 e 2013. A sementeira foi efectuada a 11 de agosto em tabuleiros separados por 1,5 m entre eixos, com uma linha dupla por tabuleiro e uma densidade de 20 440 plantas/ha. Antes da plantação, aplicou-se 0-82-213 kg/ha de um adubo complexo N-P-K e 26 dias após a plantação (DDT), procedeu-se à adubação azotada sob a forma de nitrosulfato de amónio 26-0-0, a uma taxa variável em função do azoto disponível (quadro 8).

Tratamentos experimentais em função do azoto disponível na variedade Barcelona (2014).

Tratamentos	T1	T2	T3	T4
Navio (kgN/ha)	0	130	190	260
Nmin inicial (kgN/ha)	72	94	111	124
Fertilizante N (kgN/ha)	0	36	79	136

O delineamento em blocos foi determinado com base no teor inicial de nitrogênio mineral do solo (Nmin) e consistiu em quatro tratamentos com cinco repetições nos tratamentos T1 e T2 e quatro repetições nos tratamentos T3 e T4 (Tabela 8). A parcela de base cobria uma área de 81 m2 e continha 6 Kneas (Figura 6).

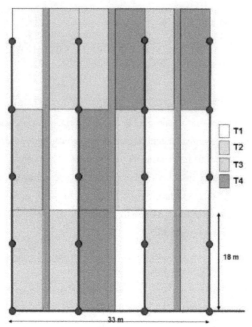

Instalação experimental e distribuição do azoto mineral disponível na parcela experimental de 2014 com a variedade Barcelona. N disponível (kgN/ha): T1: 72; T2: 130; T3: 190; T4: 260. As linhas e círculos azuis indicam a rede de rega. As zonas verdes indicam os corredores.

Amostragem e resultados

O Nmin (nitrato e amónio) foi determinado na plantação, cinquenta e quatro dias após a plantação (DDT) e na colheita. Para o efeito, foram recolhidas duas amostras de cada parcela elementar nas profundidades de 0-15, 15-30, 30-60 e 60-90 cm, com o solo misturado em camadas.

A taxa de mineralização foi determinada aproximadamente de quinze em quinze dias em todas as parcelas elementares do ensaio, seguindo a metodologia descrita para o ensaio de 2013. Foi introduzido um tubo em cada parcela elementar de todos os tratamentos, deixando o solo intacto.

Aos 29, 55, 74 DDT e na colheita, foram determinados o peso fresco, o peso seco e o azoto total nas folhas e nos pellets de cinco plantas por parcela elementar. A colheita foi efectuada entre 71 e 90 DDT numa parcela elementar de 9 m de comprimento[2], da qual foram recolhidas todas as plantas. O peso total e o peso dos pellets foram determinados para cada planta. Todos os pellets de qualidade extra ou de primeira qualidade com um diâmetro superior a 11 cm foram considerados de qualidade comercial (CEE, 1998).

Em três ocasiões durante a cultura, foram efectuadas medições foliares com os instrumentos SPAD (Mod. 502, Minolta), Dualex® e Multiplex® (Force-A), às 11h00, numa folha adulta por planta de dez plantas por parcela elementar. Cinco pecíolos destas folhas foram triturados e misturados no laboratório para a extração da seiva e a determinação do teor de nitratos segundo o método descrito no ensaio de 2012. As medições de reflectância a 670, 730 e 780 nm foram efectuadas em três ocasiões utilizando o Crop-Circle™ ACS-430 (Holland Scientific) a uma distância de 12 metros.

Tal como no ano passado, foi efectuado um balanço do azoto. O tratamento dos dados foi semelhante ao dos anos anteriores. O quadro 9 resume alguns dos dados fenológicos e fitossanitários.

Quadro 9: Dados do ensaio de var. Barcelona (2014).

Data de plantação	11/08/2014
Densidade de plantação (plantas.ha-1)	20.440
Número de regas	16
Irrigação acumulada (mm)	224
Precipitação (mm)	73
Assinante	11/09/2014
Início da formação de grânulos*.	03/10/2014
Coleção Penodo	22/10/14-10/11/14

*O início da formação dos grânulos é considerado o momento em que são detectados grânulos com um diâmetro de 1 mm.

2.2. Ensaios de fertilização azotada em couves-flores típicas.

Este capítulo descreve ensaios típicos de couve-flor em condições de campo. Devido ao facto de os ensaios terem sido realizados em várias parcelas e terem sido sujeitos a diferentes condições, tratamentos e fertilizantes, preferiu-se separar a descrição dos dois ensaios de 2013 e 2014. Os ensaios foram realizados em parcelas experimentais na propriedade Valdegon do Governo de La Rioja, cuja localização foi descrita na secção 3.1.

2.2.1. Ano 2013

Localização e condições de partida

O ensaio foi efectuado na exploração SIDTA. Foi utilizada uma variedade típica de couve-flor industrial, com um ciclo longo de cerca de 180 dias, cultivada em solo argiloso e classificada como *torriortense oxicaúrica* (Soil Survey Staff, 2006); as suas características são apresentadas no quadro 10.

Estrutura experimental

As características do ensaio em termos de disposição do campo, irrigação, cálculo das necessidades hídricas, cobertura e altura das plantas e instalação de sondas de marca de água foram semelhantes às da variedade Barcelona.

Tabela 10. Propriedades físico-químicas do solo na var. Típica (2013).

Abl. cm	Areia	Silte %.[1]	Argila[1] % Argila	% M.O.[2]	Valor do pH[3]	E.C.[4] dS/m	Ppm[5]	K ppm[5]	Textura[1]
0-15	39,2	45,5	15,3	1,16	8,2	0,39	8,2	155,9	Franco
15-30	50,9	36,7	12,4	1,01	8,3	0,33	10,6	131,7	Franco

30-60	31,7	50,2	18,1	1,03	8,6	0,25	4,5	69,4	Franco
60-90	33,3	52,0	14,7	0,66	8,3	0,98	1,4	32,0	Franco

1) USDA (DEPARTAMENTO DE AGRICULTURA DOS ESTADOS UNIDOS). 2) Substância orgânica oxidável. 3) H_2O (1:5). 4) 25°C (1:5). 5) Mehlich III.

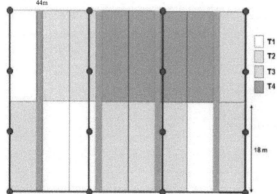

Instalação experimental e distribuição do azoto mineral disponível na parcela experimental de 2013 com a variedade Typical. N disponível (kgN/ha): T1: 84; T2: 130; T3: 190; T4: 260. As linhas e círculos azuis indicam a rede de irrigação. Áreas de superfície
corredores assinalados a verde.

A transplantação foi efectuada a 8 de agosto, em tabuleiros espaçados de 1,5 m, com uma fila dupla por tabuleiro e uma densidade de 20.833 plantas/ha. A irrigação foi efectuada por um sistema de aspersão. Antes da plantação, foi aplicado 0-140-260 kg/ha de um adubo complexo N-P-K e, 24 e 48 dias após a plantação, foram administradas duas aplicações de adubo azotado sob a forma de nitrosulfato de amónio 26-0-0, numa dose variável em função do azoto disponível (quadro 11).

O delineamento em blocos foi determinado com base no teor inicial de azoto mineral do solo (Nmin) e consistiu em quatro tratamentos com quatro repetições (Quadro 11). A parcela de base cobria uma área de 81 m^2 e continha 6 filas de plantas (Figura 7). Em 6 de setembro, uma tempestade de granizo provocou uma perda moderada de folhas em todas as parcelas, da qual as plantas recuperaram posteriormente.

Tratamentos experimentais em função do azoto disponível em Var. Típica (2013).

Tratamentos	T1	T2	T3	T4
Navio (kgN/ha)	84	130	190	260
Nmin inicial (kgN/ha)	84	95	122	175
Fertilizante N (kgN/ha)	0	35	68	85

Amostragem e resultados

O Nmin (nitrato e amónio) foi determinado na plantação, quarenta dias após a plantação (DDT) e na colheita. Para o efeito, foram recolhidas duas amostras de cada parcela elementar nas profundidades de 0-15, 15-30, 30-60 e 60-90 cm, com o solo misturado em camadas.

A taxa de mineralização foi determinada aproximadamente de quinze em quinze dias. Foi introduzido um tubo em cada parcela elementar dos tratamentos T1 e T4, com o solo não revolvido.

Aos 20, 40, 62, 106 DDT e na colheita, foram determinados o peso fresco, o peso seco e o azoto total nas folhas e nos pellets de cinco plantas por parcela elementar. A colheita foi efectuada entre 106 e 207 DDT numa parcela elementar de 9 m^2, da qual foram recolhidas todas as plantas. O peso total e o peso dos pellets foram determinados para cada planta. Todos os pellets de qualidade extra ou de primeira qualidade com um diâmetro superior a 11 cm foram considerados de qualidade comercial (CEE, 1998).

As medições foliares foram efectuadas quatro vezes durante a cultura, com os instrumentos SPAD (Mod. 502, Minolta), Dualex® e Multiplex® (Force-A), às 11 horas, numa folha adulta por planta, em dez plantas por parcela elementar. Cinco pecíolos destas folhas foram triturados e misturados no laboratório para a extração da seiva. As medições de reflectância a 670, 730 e 780 nm foram efectuadas durante três dias utilizando o CropCircle™ ACS-430 (Holland Scientific). Foi traçado um percurso de 12 metros ao longo das duas linhas interiores de cada parcela elementar.

Tal como no ano passado, foi efectuado um balanço do azoto. O tratamento dos dados foi semelhante ao dos anos anteriores. O quadro 12 resume alguns dos dados fenológicos e fitossanitários.

Tabela 12. Dados experimentais para variedades típicas (2013).

Data de plantação	08/08/2013
Densidade de plantação (plantas.ha-1)	20.833
Número de regas	24
Irrigação acumulada (mm)	281
Precipitação (mm)	219
Primeiro assinante	02/09/2013
Segundo participante	25/09/2013
Início da formação de grânulos*.	11/11/2013
Coleção Penodo	21/01/14-06/03/14

*O início da formação dos grânulos é considerado o momento em que são detectados grânulos com um diâmetro de 1 mm.

2.2.2. Ano 2014

Localização e condições de partida

O ensaio foi efectuado na exploração SIDTA. As couves-flores da variedade "Long Cycle Typical" foram cultivadas num solo de textura areno-argilosa, classificado como *torriortenico oxicaúrico* (Soil Survey Staff, 2006), cujas características são apresentadas no quadro 13.

Tabela 13. propriedades físico-químicas do solo na var. típica (2014).

Abl. cm	Areia	Silte %.[1]	Argila[1] % Argila	% M.O.[2]	Valor do pH[3]	E.C.[4] dS/m	Ppm[5]	K ppm[5]	Textura[1]
0-15	57,7	32,1	10,3	0,56	8,4	0,16	4,2	132,0	Fco. arenoso
15-30	57,0	32,6	10,5	0,56	8,5	0,16	7,6	111,9	Fco. arenoso

| 30-60 | 73,9 | 19,1 | 7,0 | 0,26 | 8,7 | 0,10 | 0,8 | 50,0 | Fco. arenoso |
| 60-90 | 84,3 | 11,4 | 4,3 | 0,13 | 8,8 | 0,09 | 0,1 | 27,9 | Fco. arenoso |

1) USDA (DEPARTAMENTO DE AGRICULTURA DOS ESTADOS UNIDOS). 2) Substância orgânica oxidável. 3) H2O (1:5). 4) 25°C (1:5). 5) Mehlich III.

Estrutura experimental

As características do ensaio em termos de disposição do campo, irrigação, cálculo das necessidades hídricas, cobertura e altura das plantas e instalação de sondas de marca de água foram semelhantes às da variedade Barcelona.

A plantação foi efectuada a 5 de agosto, em tabuleiros espaçados de 1,5 m, com uma fila dupla por tabuleiro e uma densidade de 22 222 plantas/ha.

A irrigação foi efectuada por um sistema de aspersão. Antes da sementeira, foi aplicado 0-82-213 kg/ha de um adubo complexo N-P-K e, para as culturas de cobertura, foram efectuadas duas aplicações de adubo azotado aos 29 e 42 dias após a sementeira (DDT), sob a forma de nitrosulfato de amónio 26-0-0, a uma taxa variável em função do azoto disponível (quadro 14).

Tabela 14. Tratamentos experimentais em função do azoto disponível em Typical (2014).

Tratamentos	T1	T2	T3	T4
Navio (kgN/ha)	95	170	230	300
Nmin inicial (kgN/ha)	95	130	135	177
Fertilizante N (kgN/ha)	0	40	95	123

O delineamento em blocos foi determinado com base no teor inicial de azoto mineral do solo (Nmin) e consistiu em quatro tratamentos com quatro repetições (Quadro 14). A parcela elementar tinha uma superfície de 81 m^2 e continha 6 filas de plantas (Figura 8). No dia 2 de fevereiro de 2015, uma inundação do rio Ebro provocou o alagamento da parcela experimental, o que levou à interrupção do ensaio sem

cosecha.

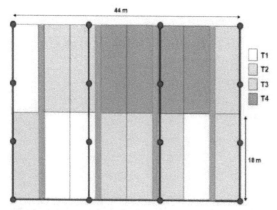

Figura 8. Diseño experimental y distribución de los tratamientos de nitrógeno mineral disponible na parcela experimental de 2014 com a variedade Typical. Indisponível (kgN/ha): T1: 95; T2: 170; T3: 230; T4: 300. As linhas e círculos azuis indicam a rede de rega. As áreas verdes indicam os corredores.

Amostragem e resultados

O teor de Nmin (nitrato e amónio) na plantação foi determinado no 28º dia após a plantação (DDT), no 41º DDT, no 57º DDT e no 83º DDT. Para o efeito, foram recolhidas duas amostras de cada parcela elementar a 0-15,   15-30,   30-60 e 60-90 cm de altura. O solo é misturado em camadas sucessivas.

Aos 27, 41, 57, 79 DDT e na colheita, o peso fresco, o peso seco e o azoto total foram determinados nas folhas e nos pellets de cinco plantas por parcela elementar.

Devido às inundações causadas pelo rio Ebro, apenas cerca de 30% da quantidade total pôde ser colhida. Esta colheita parcial foi efectuada entre 147 e 176 DDT numa subparcela de 9 m^2, onde todas as plantas foram recolhidas. O peso total e o peso dos pellets de cada planta foram determinados. Todos os pellets de qualidade extra ou de primeira qualidade com um diâmetro superior a 11 cm foram considerados comerciais (CEE, 1998).

As medições foliares foram efectuadas quatro vezes durante a cultura, com os instrumentos SPAD (Mod. 502, Minolta), Dualex® e Multiplex® (Force-A), às 11 horas, numa folha adulta por planta, em dez plantas por parcela elementar. Cinco pecíolos destas folhas foram triturados e misturados no laboratório para a extração da seiva por prensagem. As medições de reflectância a 670, 730 e 780 nm foram efectuadas em cinco datas utilizando o Crop-Circle™ ACS-430 (Holland Scientific). Foi percorrido um trajeto de 12 m ao longo das duas linhas interiores de cada parcela elementar.

Tal como no ano passado, foi efectuado um balanço do azoto. O tratamento dos dados foi semelhante ao dos anos anteriores. O quadro 15 resume alguns dos dados fenológicos e fitossanitários.

Quadro 15: Dados experimentais para variedades típicas (2014).

Data de plantação	05/08/2014
Densidade de plantação (plantas.ha-1)	20.833
Número de regas	17
Irrigação acumulada (mm)	233
Precipitação (mm)	204
Primeiro assinante	03/09/2014
Segundo participante	16/09/2014
Início da formação de grânulos*.	22/10/14
Coleção Penodo	30/12/14-28/01/15

*O início da formação dos grânulos é considerado o momento em que são detectados grânulos com um diâmetro de 1 mm.

2.3. Ensaios de fertilização azotada com a variedade de couve-flor Casper.

Neste capítulo, descrevemos os ensaios de couve-flor em condições de campo. Como os ensaios foram efectuados em várias parcelas e submetidos a diferentes condições, tratamentos e fertilizantes, preferimos separar a descrição dos dois ensaios de 2012 e 2014.

Os dois ensaios foram efectuados em parcelas experimentais na quinta experimental do INTIA em Sartaguda (Navarra), situada a 337 metros acima do nível do mar (UTM, 577.967; 4.690.730).

2.3.1. Ano 2012

Localização e condições de partida

Foi efectuado um ensaio de fertilização azotada na exploração experimental do INTIA com uma variedade de couve-flor de ciclo curto Casper. As características do solo são indicadas no quadro 16.

Tabela 16. Propriedades físico-químicas do solo na var. Casper (2012).

Abl. cm	Areia	Silte %.[1]	Argila[1] % Argila	% M.O.[2]	Valor do pH[3]	E.C.[4] dS/m	Ppm[5]	K ppm[5]	Textura[1]
0-30	60,6	28,8	10,6	1,15	8,15	0,81	54,7	300,7	argila arenosa
30-60	58,4	31,2	10,4	0,91	8,24	0,86	36,0	215,3	argila arenosa
60-90	65,7	27,2	7,1	0,61	8,33	0,68	13,3	144,2	argila arenosa

1) USDA (DEPARTAMENTO DE AGRICULTURA DOS ESTADOS UNIDOS). 2) Substância orgânica oxidável. 3) H2O (1:2.5). 4) (1:1). 5) Mehlich III.

A variedade de couve-flor Casper foi utilizada como material de plantação. A plantação teve lugar a 2 de agosto, com uma densidade de plantação de 22 222 plantas/ha em tabuleiros separados por 1,50 m entre eixos e 60 cm entre plantas, com dois canteiros por tabuleiro (Figura 6). A ETc foi calculada utilizando a abordagem FAO-Dual-Kc (Allen et al., 1998). Os dados meteorológicos e a ETo foram obtidos a partir da estação meteorológica situada na mesma exploração agrícola. Foi utilizado um sistema de irrigação por aspersão.

Estrutura experimental

Foram distinguidos quatro tratamentos com diferentes níveis de Nmin disponível (Nmin inicial + fertilizante N) e quatro repetições num delineamento em blocos com base no Nmin inicial. A parcela elementar tinha uma área de 81 m^2 e 6 filas de plantas (Figura 9). Foram colhidas amostras nas profundidades de 0-15, 15-30, 30-60 e 60-90 cm para determinar o N mineral, N Os valores de Nmin dos diferentes tratamentos e as taxas de fertilizante utilizadas são apresentados no Quadro 17.

A fertilização complementar consistiu numa única aplicação de adubo azotado sob a forma de nitrosulfato de amónio a 26%, a 7 de setembro. Para todos os tratamentos, foram aplicados 100-150 kg/ha de um adubo complexo P-K como cobertura de base.

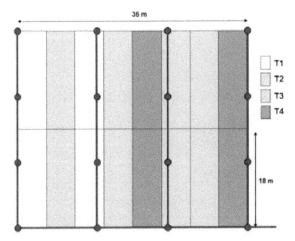

Figura 9. Diseño experimental y distribución de los tratamientos de nitrógeno mineral disponible na parcela experimental de 2012 com a variedade Casper. Indisponível (kgN/ha): T1: 259; T2: 359; T3: 432; T4: 524. Os cantos e círculos azuis indicam o sistema de aspersão.

Tabela 17. Tratamentos experimentais em função do N disponível na var. Casper (2012).

Tratamentos	T1	T2	T3	T4
Navio (kgN/ha)	259	359	432	524
Nmin inicial (kgN/ha)	259	309	432	424
Fertilizante N (kgN/ha)	0	50	0	100

Amostragem e resultados

O Nmin (nitrato e amónio) foi determinado na plantação, 62 dias após a plantação (DDT) e na colheita. Para o efeito, foram recolhidas duas amostras de cada parcela elementar a uma profundidade de 0-15, 15-30 e 30-60 cm, com o solo misturado em camadas.

Na plantação, 20, 35, 64 DDT e na colheita, foram determinados o peso fresco, o peso seco e o azoto total nas folhas e nos pellets de cinco plantas por parcela elementar. A colheita foi efectuada entre 89 e 99 DDT numa subparcela de 9 m de comprimento[2], da qual foram recolhidas todas as plantas. A colheita foi efectuada em três datas, 30 de outubro, 6 e 9 de novembro, após um ciclo de cultura de 89 dias. O local

Produção total, peso comercial e peso médio dos pellets. O tamanho da pele na reflexão foi determinado pela colheita, neste caso para a indústria, com valores habituais nesta área entre 1.200 e 1.600 g por pele.

Em quatro ocasiões durante a cultura, foram efectuadas medições foliares com o aparelho SPAD (Mod. 502, Minolta) às 11 horas da manhã, numa folha adulta por planta, em dez plantas por parcela elementar. Cinco pecíolos destas folhas foram esmagados e misturados no laboratório para extrair o sumo.

A eficiência da utilização do azoto (NUE) foi calculada como a relação entre a produção comercial e o azoto disponível (N mineral inicial + N aplicado) (Moll *et al*., 1982). Tal como nos anos anteriores, foi estabelecido um balanço do azoto.

O tratamento dos dados foi semelhante ao dos anos anteriores. O quadro 18 resume alguns dos dados fenológicos e fitossanitários.

Quadro 18: Dados experimentais de Casper var. (2012).

Data de plantação	02/08/2012
Densidade de plantação (plantas.ha-1)	20.833
Assinante	07/09/2012
Início da formação de pellets	30/09/2012
Data da reflexão	30/10/12-09/11/12

*O início da formação dos grânulos é considerado o momento em que são detectados grânulos com um diâmetro de 1 mm.

2.3.2. Ano 2014

Localização e condições de partida

A experiência foi realizada em 2014 na quinta experimental do INTIA em Sartaguda (Navarra). Foi utilizada a variedade de couve-flor Casper. O solo tinha uma textura argilosa e as suas características são apresentadas na Tabela 19.

Estrutura experimental

A transplantação foi efectuada em 12 de agosto. A rega foi efectuada por aspersão. Como fertilizante de pré-plantação, foram aplicados 140 kg de P/ha à base de superfosfato a 45% e 220 kg de K/ha à base de sulfato de potássio a 50%. A 10 de setembro, 28 dias após a plantação (DDT), foi aplicado um adubo azotado sob a forma de nitrosulfato de amónio a 26%, a uma taxa variável em função do azoto mineral disponível (Nmin inicial + adubo N) (quadro 20).

Tabela 19: Propriedades físico-químicas do solo na var. Casper (2014).

Abl. cm	Areia	Silte %.[1]	Argila[1] % Argila	% M.O.[2]	Valor do pH[3]	E.C.[4] dS/m	Ppm[5]	K ppm[5]	Textura[1]
0-30	53,6	34,8	11,6	0,9	8,4	0,2	40,9	262,7	Franco
30-60	53,5	35,1	11,4	0,7	8,5	0,2	25,2	242,9	Franco
60-90	54,9	34,5	10,5	0,4	8,5	0,2	1,4	195,8	Franco

1) USDA (DEPARTAMENTO DE AGRICULTURA DOS ESTADOS UNIDOS). 2) Substância orgânica oxidável. 3) H_2O (1:5). 4) 25°C (1:5). 5) Mehlich III.

Foram distinguidos quatro tratamentos de acordo com o Nmin disponível (Nmin inicial + N fertilizante) e quatro repetições num desenho de blocos de acordo com o Nmin inicial. A parcela elementar tinha uma área de 81 m^2 e 6 filas de plantas (Figura 10). Foram recolhidas amostras nas profundidades de 0-15, 15-30 e 30-60 cm para determinar o N mineral, o N e o N amoniacal presentes no solo no início da colheita. Os valores de Nmin para os diferentes tratamentos e as taxas de fertilizante utilizadas são apresentados no quadro 20. Foi utilizada uma profundidade máxima de enraizamento de 0,6 m para calcular o balanço de azoto.

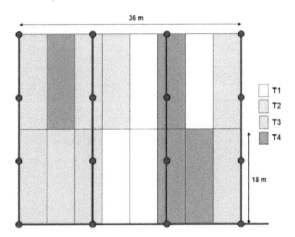

Figura 10. Diseño experimental y distribución de los tratamientos de nitrógeno mineral disponível na parcela do ensaio de 2014 com a variedade Casper. Indisponível (kgN/ha): T1: 104; T2: 134; T3: 190; T4: 260. Os cantos e círculos azuis indicam a rede de rega.

Tratamentos experimentais em função do azoto disponível na var. Casper (2014).

Tratamentos	T1	T2	T3	T4
Navio (kgN/ha)	104	134	190	260
Nmin inicial (kgN/ha)	104	124	135	162
Fertilizante N (kgN/ha)	0	10	55	98

Amostragem e resultados

O Nmin (nitrato e amónio) foi determinado na plantação, 47 dias após a plantação (DDT) e na colheita. Foram colhidas duas amostras de cada parcela, com o solo misturado em camadas a uma profundidade de 0-15, 15-30 e 30-60 cm. Aos 27, 50 e 68 DDT e na colheita, foram determinados o peso fresco, o peso seco e o teor de azoto total nas folhas e nos pellets de cinco plantas por parcela.

A colheita foi efectuada entre 99 e 110 DDT. Numa subparcela de 15 m², todas as plantas foram colhidas. O peso total e o peso dos pellets foram determinados para cada planta. Todos os pellets de qualidade extra ou de primeira qualidade com um diâmetro superior a 11 cm foram considerados como sendo de qualidade comercial (CEE, 1998).

As medições foliares foram efectuadas em três ocasiões durante o período de crescimento, com os instrumentos SPAD (Mod. 502, Minolta), Dualex® e Multiplex® (Force-A), às 11 horas, numa folha adulta por planta, em dez plantas por parcela elementar. Cinco pecíolos destas folhas foram esmagados e misturados no laboratório para a extração do sumo por prensagem. As medições de reflectância a 670,

730 e 780 nm foram efectuadas em três datas utilizando o Crop-Circle™ ACS-430 (Holland Scientific). Foi percorrido um trajeto de 12 m ao longo das duas linhas interiores de cada parcela elementar.

Tal como nos anos anteriores, foi efectuado um balanço do azoto. O tratamento dos dados foi semelhante ao dos anos anteriores. O quadro 21 resume alguns dos dados fenológicos e fitossanitários.

Quadro 21: Dados experimentais da var. Casper (2014).

Data de plantação	12/08/2014
Densidade de plantação (plantas.ha-1)	20.833
Assinante	10/09/2014
Início da formação de grânulos*.	01/10/2014
Coleção Penodo	20/11/14-26/11/14

*O início da formação dos grânulos é considerado o momento em que são detectados grânulos com um diâmetro de 1 mm.

RESULTADOS

Os resultados dos ensaios são apresentados por ano e por variedade. Para todos os resultados apresentados nos quadros e figuras, os valores pormenorizados por tratamento e por repetição, bem como o seu significado estatístico, podem ser encontrados nos apêndices 1, 2, 3, 4, 5, 6 e 7.

2.4. Ano 2012. Var. Barcelona

Cobertura vegetal, altura e biomassa

O quadro 22 apresenta os resultados relativos à altura das plantas, ao coberto e à biomassa no início da colheita. A altura e o coberto das plantas foram significativamente mais elevados nos tratamentos fertilizados do que no tratamento T1 não fertilizado, mas não se registaram diferenças entre os tratamentos fertilizados. Não foram observadas diferenças significativas para os valores de biomassa.

Quadro 22: Cobertura vegetal, altura e biomassa em 18 de outubro de 2012, no início da colheita.

Tratamentos	Altura (m)		Taxa de cobertura (%)		Biomassa (Mg/ha)	
T1	$0,49 \pm 0,02$	a	75 ± 5	a	$3,94 \pm 0,42$	ns
T2	$0,59 \pm 0,01$	b	94 ± 4	b	$5,12 \pm 0,31$	ns
T3	$0,64 \pm 0,03$	b	93 ± 5	b	$5,33 \pm 0,13$	ns
T4	$0,64 \pm 0,03$	b	87 ± 5	b	$5,31 \pm 0,52$	ns

Letras diferentes diferem significativamente no teste de Tukey ($p<0,05$). ns: sem diferença significativa.

Produção total

O rendimento total médio da couve-flor foi superior a 20.000 kg/ha para os tratamentos com fertilizantes azotados (Quadro 23). O tratamento T1 teve um rendimento significativamente mais baixo.

Quadro 23: Produção total, foliar e de pellets (kg/ha) da variedade Barcelona e azoto disponível no ensaio de 2012.

Tratamentos	Barco-bar	Pellas	Folhas	Total
		kg/ha		
T1	93	11.984 a	31.903 a	43.887 a
T2	189	22.142 b	46.697 b	68.839 b
T3	270	23.806 b	47.188 b	70.994 b
T4	322	22.259 b	44.954 b	67.213 b
		***	***	***

*** Significância ($p<0,001$) numa análise de variância. Letras diferentes diferem significativamente num teste Tukey ($p<0,05$).

A análise de regressão não linear da produção total relativa da couve-flor em função do azoto disponível (Ndisp = Nmin+Ndisp) mostra que a produção estabiliza a valores de Ndisp de 192 ± 34 kg Ndisp/ha, valor do parâmetro *a* do modelo de regressão (equação [3]) (figura 11). Assume-se que os tratamentos com défice de nutrientes são os que têm um valor de azoto disponível inferior ao valor em que a produção estabiliza. Neste caso, o tratamento T1 é o único que apresenta valores de azoto disponível inferiores ao nível em que a produção estabiliza. O tratamento T2 encontra-se na zona de valores acima dos quais não se obtém qualquer aumento de produção. Os tratamentos T3 e T4 situam-se muito acima desses valores de azoto disponível.

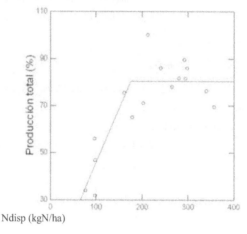

Ndisp (kgN/ha)

Figura 11. Produção total relativa de pellets de couve-flor da variedade Barcelona em função do azoto mineral disponível no solo (Nmin + N fertilizante).

Concentração de azoto nas folhas

A figura 12 mostra a evolução do teor de azoto total nas folhas para os diferentes tratamentos. A concentração de azoto nas folhas da couve-flor diminuiu com o aumento da biomassa da planta em todos os tratamentos. Com exceção da primeira data, o teor de azoto foi significativamente mais elevado nos tratamentos fertilizados do que no tratamento T1 não fertilizado.

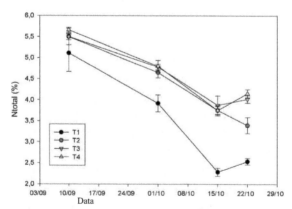

Figura 12. Concentração de azoto total (%) da couve-flor de Barcelona nas folhas ao longo da colheita de 2012. T1, T2, T3 e T4 são os tratamentos, com 93; 189; 270 e 322 kg/ha de Navailable.

Neste ensaio realizado com a variedade Barcelona em 2012, de acordo com o modelo de

Greenwood (1986), apenas o tratamento T1 apresentou concentrações de azoto abaixo dos valores de azoto cítico (Figura 13), o que explica a menor produção deste tratamento.

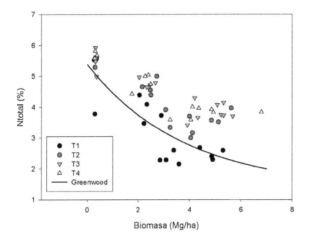

Figura 13. Concentração de azoto total (%) da couve-flor de Barcelona em função da biomassa (Mg/ha) em 2012. T1, T2, T3 e T4 são os tratamentos com 93, 189, 270 e 322 kg N/ha disponíveis. É apresentada a curva analítica do modelo de Greenwood (1986).

Teor de azoto do solo

O teor inicial de Nmin no perfil do solo a uma profundidade de 0,6 m situava-se entre 93 e 128 kg/ha. No final da colheita, o teor de Nmin diminuiu e atingiu valores entre 6 e 73 kg/ha (figura 14). O horizonte superficial parece estar quase esgotado.

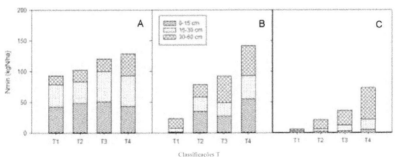

Figura 14. Azoto mineral (Nmin) no solo, de 0 a 60 cm, numa cultura de couve-flor da variedade Barcelona em 2012, (A) 12 de agosto, no transplante; (B) 1 de outubro, duas semanas após o mulching e (C) 29 de outubro, no final da colheita.

Teor de N-nitratos no sumo

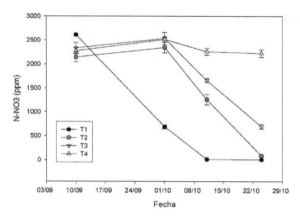

Figura 15. Concentração de N-NO3 (ppm) no sumo e nas folhas da couve-flor de Barcelona nos diferentes tratamentos. T1, T2, T3 e T4 são os tratamentos com 93, 189, 270 e 322 kg de N disponível/ha. As barras verticais indicam o erro padrão.

A concentração de N-NO3 no sumo (Figura 15) situou-se entre 2100 e 2600 ppm durante a primeira medição, dois dias antes da cobertura. Durante a segunda medição, no início da formação dos pellets, esta concentração aumentou ligeiramente nos tratamentos T2, T3 e T4 e foi significativamente mais elevada do que no tratamento T1. Em seguida, estes valores diminuíram fortemente em todos os tratamentos, exceto no T4. Na terceira amostragem, antes da colheita, as concentrações eram superiores a 1000 ppm nos tratamentos T2, T3 e T4.

Sensor SPAD

No que diz respeito ao teor de clorofila, estimado com o sensor SPAD, não foram observadas diferenças significativas entre os tratamentos, com exceção da medição efectuada a 23 de outubro, aquando da colheita (Figura 16). Não foi observada nenhuma tendência clara ao longo do tempo, com exceção do tratamento T1, para o qual os valores SPAD diminuíram gradualmente de 63 para 54 unidades.

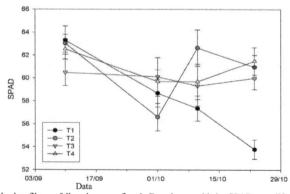

Figura 16. Teor de clorofila nas folhas da couve-flor de Barcelona, unidades SPAD, nos diferentes tratamentos.

T1, T2, T3 e T4 são os tratamentos com 93, 189, 270 e 322 kg de N disponível/ha. As barras verticais indicam o erro padrão.

Sensor *DUALEX*

As medições efectuadas com o sensor Dualex (Figuras 17 e 18) mostram diferenças significativas nos parâmetros Chl e NBI entre os tratamentos, desde a primeira data de amostragem, em comparação com T1, o menos fertilizado.

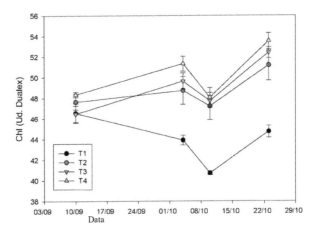

Figura 17. Índice de cloro Dualex em folhas de couve-flor var. Barcelona nos diferentes tratamentos com azoto disponível. T1, T2, T3 e T4 são os tratamentos com 93, 189, 270 e 322 kg de azoto disponível/ha. As barras verticais indicam o erro padrão.

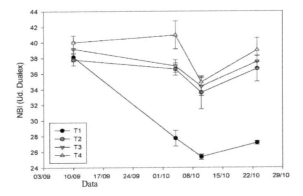

Figura 18. Índice de balanço de azoto Dualex NBI em folhas de couve-flor Var. Barcelona nos diferentes tratamentos com azoto disponível. T1, T2, T3 e T4 são os tratamentos com 93, 189, 270 e 322 kg de azoto disponível/ha. As barras verticais indicam o erro padrão.

Sensor *MULTIPLEX*

A evolução dos índices SFR e NBI do sensor multiplex é apresentada nas figuras 19 e 20. 21 dias após a fertilização (segunda amostragem), o índice SFR do tratamento T4 é significativamente superior aos restantes. Desde essa altura até à colheita, os tratamentos T2, T3 e T4 apresentaram valores significativamente mais elevados do que o T1. Este tratamento apresentou um índice NBI significativamente mais baixo do que os outros a partir do momento da adubação de cobertura (após a primeira amostragem).

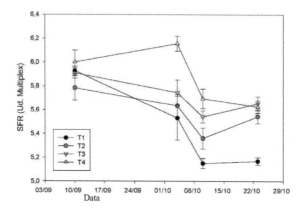

Figura 19.   Índice SFR de Multiplex, em folhas de couve-flor var. Barcelona, nos diferentes tratamentos com azoto disponível. T1, T2, T3 e T4 são os tratamentos com 93, 189, 270 e 322 kg de azoto disponível/ha. As barras verticais indicam o erro padrão.

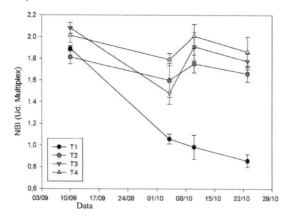

Figura 20.   Índice NBI da Multiplex, em folhas de couve-flor var. Barcelona, nos diferentes tratamentos com azoto disponível. T1, T2, T3 e T4 são os tratamentos com 93, 189, 270 e 322 kg de azoto disponível/ha. As barras verticais indicam o erro padrão.

Sensor CROP CIRCLE

Foram observadas diferenças significativas entre os tratamentos para o índice NDVI durante as trajectórias realizadas 49 dias após a plantação com o sensor Crop-Circle (Quadro 24). O tratamento T1 apresentou um valor de NDVI significativamente mais baixo do que os outros tratamentos.

Quadro 24: Índices NDVI e NDRE obtidos com o sensor Crop Circle em couves-flor da variedade Barcelona quarenta e nove dias após a plantação.

Tratamentos	NDVI	NDRE

T1	$0,768 \pm 0,012^{a}$	$0,329 \pm 0,006^{a}$
T2	$0,788 \pm 0,008^{b}$	$0,352 \pm 0,005^{b}$
T3	$0,789 \pm 0,007^{b}$	$0,353 \pm 0,004^{b}$
T4	$0,772 \pm 0,002^{b}$	$0,350 \pm 0,002^{b}$
	***	***

ANOVA, significância : *** ($p<0,001$); ns: não significativo. Os números que diferem entre si por letras diferentes são significativos. ($p<0,05$) num teste de Tukey.

Mineralização da matéria orgânica do solo

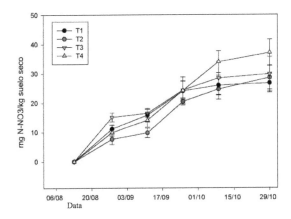

Figura 21. Mineralização (mg N-NO3- /kg de solo seco), medida em resinas a 0,2 m de profundidade, no ensaio de couve-flor da variedade Barcelona em 2012. As barras verticais indicam o erro padrão.

A taxa de mineralização no horizonte superior do solo a uma profundidade de 0,2 m atingiu um valor médio de 0,14 mgN/kg de solo seco por dia, sem diferença significativa entre os tratamentos (Figura 21). Este valor corresponde a 41 kgN/ha para a cultura do Penodo na camada superior do solo, extrapolado para uma profundidade de 0,3 m. O valor mais elevado observado no tratamento T4 pode ser devido a uma sobrestimação do azoto lixiviado, medido pela quantidade de nitrato retido pelas resinas, devido ao movimento capilar ascendente do azoto.

Balanço do azoto

Os resultados do balanço de azoto (Quadro 25) mostram que a planta foi capaz de absorver praticamente todo o azoto disponível em cada tratamento, uma vez que, se se tiver em conta o erro padrão para todos os tratamentos, o balanço final é próximo de zero. No caso do tratamento T1, este azoto não foi suficiente para cobrir as necessidades, resultando numa menor extração, num menor valor de Nmin no final da cultura e, consequentemente, em menores valores de biomassa e de azoto total na planta. O balanço do tratamento T4 poderia indicar maiores perdas por volatilização do azoto aplicado como adubo, como acontece geralmente em solos com pH superior a 7 e nos quais se aplica nitrosulfato de amónio, o que também resultou num menor NUE para este tratamento.

Balanço de azoto (kg/ha) a uma profundidade de 0,6 m.

	Nmin ini[1]	Nfert[2]	Nminer[3]	Nmin aleta[4]	Ncos[5]	Nlix[6]	Balanço	EUN[7]
				kgN/ha				kg/kgN
T1	93±5	0	31±12	6±1[b]	121±12[b]	24±10	-27±14	89±8[a]
T2	102±12	87	34±18	21±5[b]	190±15[ab]	23±3	-10±38	100±9[a]
T3	121±11	149	31±14	36±13[ab]	256±17[a]	29±5	-20±30	86±7[a]
T4	128±16	194	70±27	73±12[a]	242±35[a]	49±7	29±24	56±3[b]
	ns	ns	**	**		ns	ns	**

1) N mineral inicial. 2) N aplicado como fertilizante. 3) N mineralizado de 0 a 0,3 m. 4) N mineral final. 5) N extraído na colheita. 6) N lixiviado de 28.09. à colheita. 7) Eficiência de utilização do N: kg de rendimento comercial por kg de N disponível. Significância : ** ($p<0,01$); ns: não significativo. Letras diferentes na mesma coluna indicam diferenças significativas ($p<0,05$) pelo teste de Tukey.

4.2. 2013. Var. Barcelona

Cobertura vegetal, altura e biomassa

O quadro 26 apresenta os resultados relativos à altura, cobertura e biomassa das plantas no início da colheita. A altura das plantas diferiu significativamente entre os tratamentos em função do azoto disponível. O coberto vegetal e a biomassa foram significativamente mais elevados nos tratamentos T3 e T4, os tratamentos mais fertilizados, do que nos tratamentos T1 e T2, os tratamentos menos fertilizados.

Tabela 26: Cobertura vegetal, altura e biomassa, em 09/10/2013, no início da colheita.

Tratamentos	Altura (m)		Taxa de cobertura (%)		Biomassa (Mg/ha)	
T1	0,43 ± 0,01	a	56 ± 5	a	2,99 ± 0,33	a
T2	0,55 ± 0,01	b	66 ± 3	de	3,77 ± 0,35	de
T3	0,64 ± 0,01	c	77 ± 2	bc	4,09 ± 0,18	b
T4	0,71 ± 0,01 ·	d	82 ± 3	c	4,69 ± 0,17	b

Letras diferentes diferem significativamente no teste de Tukey ($p<0,05$). ns: sem diferença significativa.

Produção total

A produção média total de couve-flor foi superior a 8.000 kg/ha para o tratamento com menos fertilizante (T1) e superior a 20.000 kg/ha para o tratamento com mais fertilizante azotado (T4) (Quadro 27). Houve diferenças significativas entre os tratamentos de acordo com o azoto disponível.

Quadro 27: Produção total, foliar e de pellets (kg/ha) da variedade Barcelona e azoto disponível no ensaio de 2013.

Tratamentos	Barco-bar	Pellas	Folhas	Total
			kg/ha	
T1	67	8.084 a	19.105 a	27.189 a

T2	130	13.316 b	27.114 de	40.430 b
T3	193	17.116 A.C.	31,422 bc	48.538 bc
T4	260	20.748 c	36.935 c	57.683 c
		***	***	***

*** Significância (p<0,001) numa análise de variância. Letras diferentes diferem significativamente num teste Tukey (p<0,05).

A análise de regressão não linear da produção total relativa da couve-flor em função do azoto disponível (Ndisp = Nmin+Nfertilizante) mostra que a produção estabiliza a valores de 178 ± 37 kg Ndisp/ha (Figura 22), valor do parâmetro a do modelo de regressão [equação 3]. Neste caso, os tratamentos T1 e T2 apresentam valores de azoto disponível inferiores ao nível em que a produção estabiliza. Os tratamentos T3 e T4 apresentam valores superiores ao nível de estabilização da produção.

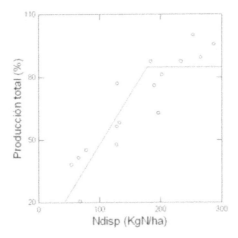

Figura 22. Produção total relativa de pellets de couve-flor da variedade Barcelona em função do azoto disponível no solo (Nmin + N fertilizante).

Concentração de azoto nas folhas

O teor de azoto nas folhas da couve-flor (Figura 23) manteve-se a níveis semelhantes aos do início até aos primeiros dias de outubro na terceira amostragem, o que pode dever-se à redução da biomassa após um evento de granizo. Posteriormente, diminuiu para todos os tratamentos à medida que a biomassa das plantas aumentava, e variou na colheita em função do azoto disponível (Figura 24). De acordo com o modelo de Greenwood (1986), o tratamento T1 apresentava concentrações de azoto inferiores aos valores de azoto cítico para valores de biomassa superiores a 1 milhão de g/ha, o que justificaria os valores mais baixos de produção. O tratamento T2, que também teve menor produção, apresentou valores de azoto total acima da curva crítica, mas próximos da zona deficitária distinguida pelo modelo.

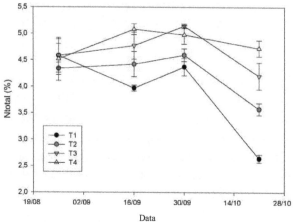

Figura 23. Concentração de azoto total (%) da couve-flor da variedade Barcelona nas folhas ao longo da colheita de 2013. T1, T2, T3 e T4 são os tratamentos com 67; 130; 193 e 260 kg de azoto disponível/ha.

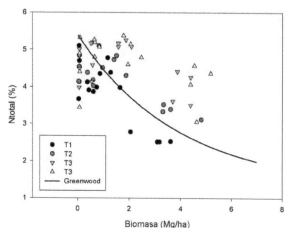

Figura 24. Concentração de azoto total (%) na couve-flor de Barcelona em função da biomassa (Mg/ha) em 2013. T1, T2, T3 e T4 são os tratamentos com 67; 130; 193 e 260 kg de N disponível/ha. É apresentada a curva analítica do modelo de Greenwood 1986.

Teor de azoto do solo

O teor inicial de Nmin (5 de agosto) no perfil do solo a uma profundidade de 0,6 m variou de 67 a 130 kg/ha (Figura 25). No início da formação dos grânulos, 28 dias após a adubação de cobertura, o teor de Nmin diminuiu 46% em T1, 48% em T2, 18% em T4 e aumentou 20% em T3 (Figura 25). No final da colheita, o teor de Nmin tinha caído abaixo de 50 kg/ha em todos os tratamentos. O horizonte superficial parece estar quase esgotado em todos os tratamentos.

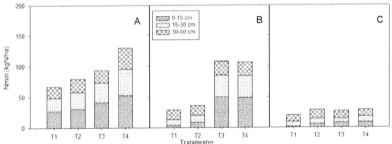

Figura 25. Azoto mineral (Nmin) no solo (kgN/ha) de 0 a 60 cm de profundidade na
var. Barcelona, 2013, (A) 5 de agosto, aquando da transplantação, (B) 30 de agosto, aquando da transplantação,
(C) 30 de agosto, aquando da transplantação, (D) 30 de agosto, aquando da transplantação.
setembro, no início da formação dos pellets e (C) 28 de outubro, no final da colheita.

Teor de N-nitratos no sumo

Na primeira amostragem, três dias antes da adubação de cobertura, a concentração de N-NO3⁻ na seiva
estava entre 1200 e 1300 ppm (Figura 26), sem diferença significativa entre os tratamentos. Na segunda
amostragem, esta concentração diminuiu, talvez devido ao granizo que afectou as plantas, e na terceira
amostragem, no início da formação dos pellets, recuperou, sendo os tratamentos fertilizados
significativamente superiores aos tratamentos não fertilizados.

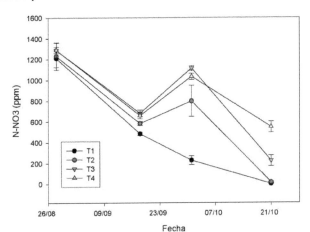

Figura 26. Concentração de N-NO3 (ppm) no sumo e nas folhas da couve-flor de Barcelona nos diferentes tratamentos.
T1, T2, T3 e T4 são os tratamentos com 67, 130, 193 e 260 kg de N disponível/ha. As barras verticais indicam o
erro padrão.

Sensor SPAD

As medições efectuadas com o sensor SPAD (figura 27) não revelaram diferenças significativas
antes da aplicação da cobertura, que teve lugar dois dias antes da recolha da segunda amostra. A
evolução dos valores foi semelhante à do nitrato no sumo. Aquando da quarta amostragem, no início
da formação da película, o tratamento T1 não fertilizado foi significativamente diferente do tratamento
T4 mais fertilizado. Na última amostragem, aquando da colheita, foram observadas diferenças

significativas entre os tratamentos T1 e T2, os menos fertilizados, e os tratamentos T3 e T4, os mais fertilizados.

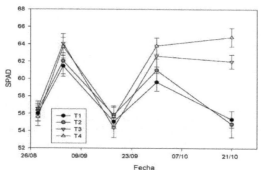

Figura 27. Teor de clorofila nas folhas de couve-flor da variedade Barcelona, unidades SPAD, nos diferentes tratamentos. T1, T2, T3 e T4 são os tratamentos com 67, 130, 193 e 260 kg de N disponível/ha. As barras verticais indicam o erro padrão.

Sensor DUALEX

As medições efectuadas com o sensor DUALEX revelaram diferenças significativas nos índices Chl e NBI entre tratamentos (Figuras 28 e 29), a começar pela fertilização de cobertura efectuada dois dias antes da segunda amostragem, que distingue o tratamento T4 dos restantes. Foram observadas diferenças significativas entre os tratamentos menos e mais fertilizados na quarta amostragem, no início da formação dos pellets, e na quinta amostragem, aquando da colheita.

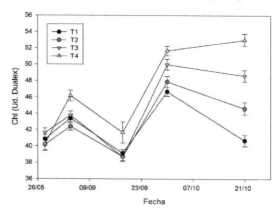

Figura 28. Índice de cloro Dualex em folhas de couve-flor da variedade Barcelona nos diferentes tratamentos com azoto disponível. T1, T2, T3 e T4 são os tratamentos com 67, 130, 193 e 260 kg de azoto disponível/ha. As barras verticais indicam o erro padrão.

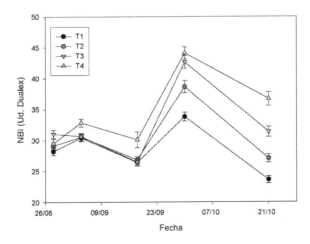

Figura 29. Índice de balanço de azoto Dualex NBI em folhas de couve-flor da variedade Barcelona nos diferentes tratamentos com azoto disponível. T1, T2, T3 e T4 são os tratamentos com 67, 130, 193 e 260 kg N/ha disponível. As barras verticais indicam o erro padrão.

Sensor MULTIPLEX

As alterações nos índices SFR e NBI para o sensor MULTIPLEX são apresentadas nas Figuras 30 e 31. Foram observadas diferenças significativas para ambos os índices. Na quarta amostragem, 26 dias após a adubação complementar, o índice SFR do tratamento mais adubado, T4, diferiu significativamente dos demais. Na colheita, os tratamentos mais adubados T3 e T4 diferiram do tratamento não adubado T1. Em relação ao índice NBI, na quarta amostragem, 26 dias após a adubação de cobertura, o tratamento T1 foi significativamente menor que os demais. Na colheita, o tratamento T4, o mais adubado, foi significativamente diferente dos demais.

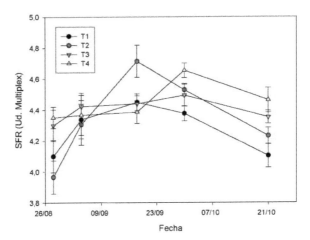

Figura 30. Índice SFR multiplexado em folhas de couve-flor da variedade Barcelona nos diferentes tratamentos com azoto disponível. T1, T2, T3 e T4 são os tratamentos com 67, 130, 193 e 260 kg N/ha disponível. As barras

verticais indicam o erro padrão.

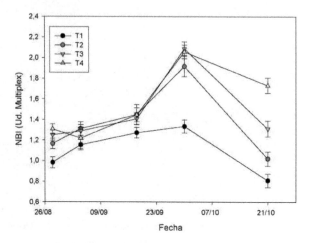

Figura 31. Índice de balanço de azoto multiplex NBI em folhas de couve-flor da variedade Barcelona nos diferentes tratamentos com azoto disponível. T1, T2, T3 e T4 são os tratamentos com 67, 130, 193 e 260 kg N/ha disponível. As barras verticais indicam o erro padrão.

Sensor CROP CIRCLE

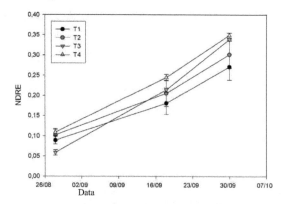

Figura 32. fodice NDRE de Crop Circle, em folhas de couve-flor Var. Barcelona, nos diferentes tratamentos com azoto disponível. T1, T2, T3 e T4 são os tratamentos com 67, 130, 193 e 260 kg de azoto disponível/ha. As barras verticais indicam o erro padrão.

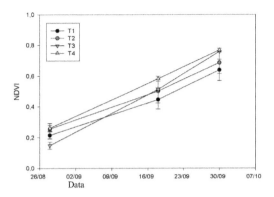

Figura 33. NDVI do Crop Circle, em folhas de couve-flor var. Barcelona, nos diferentes tratamentos com azoto disponível. T1, T2, T3 e T4 são os tratamentos com 67, 130, 193 e 260 kg de azoto disponível/ha. As barras verticais indicam o erro padrão.

As medições efectuadas com o sensor Crop-Circle revelaram diferenças significativas nos índices NDRE e NDVI entre os tratamentos antes da aplicação do adubo de cobertura realizada após a segunda amostragem (Figuras 32 e 33). Os valores dos índices foram mais elevados para o tratamento T4 e mais baixos para os outros tratamentos, em função do azoto disponível.

Mineralização da matéria orgânica do solo

A taxa de mineralização no horizonte superficial de 0,2 m atingiu um valor médio de 0,18 mgN/kg de solo seco por dia (Figura 34), sem diferença significativa entre os tratamentos T1 e T4. Este valor corresponde a 41 kgN/ha para a cultura do Penedo, extrapolado para a camada superior do solo até 0,3 metros.

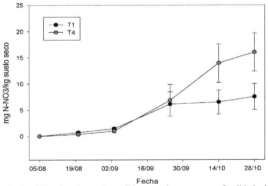

Figura 34. mineralização (mg N/kg de solo seco), medida em resinas a uma profundidade de 0,2 m, no ensaio de couve-flor 2013 da variedade Barcelona, nos tratamentos T1 (67 kg N/ha disponível) e T4 (260 kg N/ha disponível). As barras verticais indicam o erro padrão.

Balanço do azoto

Para os tratamentos T1 e T2, o azoto disponível não foi suficiente para cobrir as necessidades, o que provocou uma redução da extração de azoto pelas plantas, devido a uma diminuição da biomassa e da concentração de azoto total. O balanço do tratamento T4 poderia indicar perdas devidas à volatilização do azoto aplicado como adubo, comum nos solos com pH superior a 7 e nos quais é aplicado nitrosulfato de amónio (quadro 28).

Quadro 28. Balanço de azoto (kg N/ha) a uma profundidade de 0,6 m.

	Nmin ini[1]	Nfert[2]	Nminer[3]	Nmin aleta[4]	Ncos[5]	Nlix[6]	Balanço	EUN[7]
				kgN/ha				kg/kgN
	T1 67±5[a]	0		20±8	77±7[a]	12±2	-1±3[a]	76±11
	T2 80±1[a]	50	41±9	28±8	125±9[b]	16±4	1±9[a]	78±8
	T3 93±4[a]	100		27±11	161±12[b]	14±1	33±20[ab]	74±6
b	T4 130±11	130		28±6	201±10[c]	16±5	55±9[b]	69±3
	***			ns	***	ns	*	ns

Ano 2014. Var. Barcelona

Cobertura vegetal, altura e biomassa

O quadro 29 apresenta os resultados relativos à altura das plantas, ao coberto e à biomassa no início da colheita. A altura das plantas diferiu significativamente entre os tratamentos, dependendo da quantidade de azoto disponível. A taxa de cobertura foi significativamente maior para o tratamento mais fertilizado do que para o tratamento T1 não fertilizado. Não foram observadas diferenças significativas para os valores de biomassa.

Quadro 29: Cobertura vegetal, altura e biomassa em 22.10.14, no início da colheita.

Tratamentos	Altura (m)		Taxa de cobertura (%)		Biomassa (Mg/ha)	
T1	0,51 ± 0,01	a	67 ± 2	a	3,70 ± 0,24	ns
T2	0,56 ± 0,01	b	75 ± 3	de	3,96 ± 0,21	ns
T3	0,62 ± 0,01	c	77 ± 3	de	4,11 ± 0,21	ns
T4	0,71 ± 0,01	d	79 ± 2	b	4,49 ± 0,23	ns

Letras diferentes diferem significativamente no teste Tukey (p<0,05). ns: sem diferença significativa.

Produção total

A produção média total de couve-flor nos tratamentos T3 e T4 acrescidos de fertilizantes foi de cerca de 16.000 kg/ha (Quadro 30). Foram observadas diferenças significativas entre os tratamentos

---

1 N mineral inicial. 2) N aplicado como fertilizante. 3) N mineralizado de 0 a 0,3 m. 4) N mineral final. 5) N removido na colheita. 6) N lixiviado de 28/09 até à colheita. 7) Eficiência de utilização do N: kg de rendimento comercial por kg de N disponível. Significância : *** (p<0,001); * (p<0,05); ns: não significativo. Letras diferentes na mesma coluna indicam diferenças significativas (p<0,05) no teste de Tukey.

em função do azoto disponível.

Produção total, foliar e de pellets (kg/ha) da variedade Barcelona e azoto disponível no ensaio de 2014.

Tratamentos	Barco-bar	Pellas	Folhas	Total
		kg/ha		
T1	72	7.328 a	24.201 a	31.529 a
T2	130	11,068 de	30.553 b	41,621 de
T3	189	14,517 bc	34,952 bc	49.470 A.C.
T4	260	17.318 c	38.965 c	56.283 c
		***	***	***

*** Significância (p<0,001) numa análise de variância. Letras diferentes diferem significativamente num teste Tukey (p<0,05).

A análise de regressão não linear da produção total relativa da couve-flor em função do azoto disponível (Ndisp = Nmin+Nfertilizante) mostra que a produção se estabiliza a valores de Ndisp de 179 ± 41 kg Ndisp/ha (Figura 35). Neste caso, os tratamentos T1 e T2 estão abaixo deste nível de azoto disponível e os tratamentos T3 e T4 estão acima.

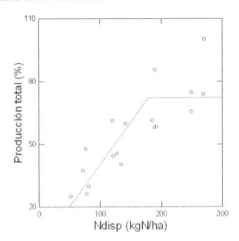

Figura 35. Produção total relativa de pellets de couve-flor da variedade Barcelona em função do azoto disponível no solo (Nmin + N fertilizante).

Concentração de azoto nas folhas

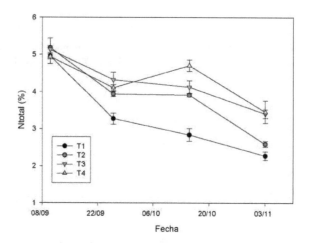

Figura 36. Concentração de azoto total (%) da couve-flor da variedade Barcelona nas folhas ao longo da colheita em 2014. T1, T2, T3 e T4 são os tratamentos com 72; 130; 189 e 260 kg de azoto disponível/ha.

Na primeira amostragem, no dia anterior à adubação de cobertura, o teor de azoto nas folhas da couve-flor era de cerca de 5% para todos os tratamentos (Figura 36). Na segunda amostragem, após a fertilização com o adubo de cobertura, a concentração de azoto diminuiu até à colheita, sendo essa diminuição maior nos tratamentos T1 e T2, que foram menos fertilizados, com diferenças significativas entre tratamentos. Os tratamentos T3 e T4 atingiram valores de 3,5% no final da colheita e os tratamentos T1 e T2 atingiram valores de 2,5% nessa altura. De acordo com o modelo de Greenwood (1986), os tratamentos T1 e T2 apresentaram concentrações de azoto inferiores aos valores de azoto cítico (Figura 37).

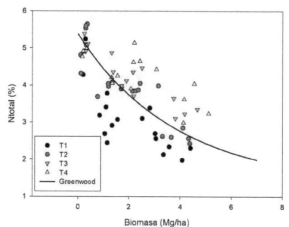

Figura 37. Concentração de azoto total (%) da couve-flor da variedade Barcelona em função da biomassa (Mg/ha) em 2014. T1, T2, T3 e T4 são os tratamentos com 72; 130; 189 e 260 kg N/ha disponível. É apresentada a curva crítica do modelo de Greenwood 1986.

58

Teor de azoto do solo

O teor inicial de Nmin (5 de agosto) no perfil do solo a uma profundidade de 0,6 m situava-se entre 70 e 120 kg/ha (Figura 38). Dezoito dias após a aplicação da cobertura, os níveis de Nmin diminuíram em todos os tratamentos, exceto no T4, onde aumentaram. No final da colheita, o teor de Nmin desceu abaixo dos 25 kg/ha em todos os tratamentos. O horizonte superficial até 0,15 m parece quase esgotado.

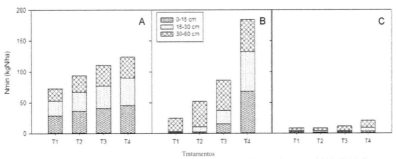

Figura 38. Azoto mineral (Nmin) no solo, de 0 a 60 cm, na variedade Barcelona, em 2014, (A) 5 de agosto, no momento da plantação, (B) 29 de setembro, dezoito dias após a fertilização e (C) 10 de novembro, no final da colheita.

Teor de N-nitratos no sumo

Durante a primeira amostragem, no dia anterior à adubação de cobertura, a concentração de N-NO3⁻ no suco estava entre 1600 e 1800 ppm (Figura 39), sem diferença significativa entre os tratamentos. Na segunda amostragem, dezoito dias após a cobertura, essa concentração caiu para valores abaixo de 800 ppm, com diferenças significativas entre os tratamentos.

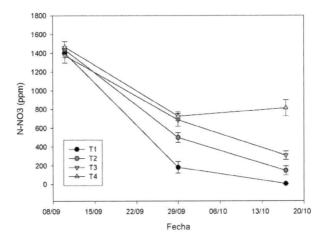

Figura 39. Concentração de N-NO3 (ppm) no sumo e nas folhas da couve-flor de Barcelona nos diferentes tratamentos. T1, T2, T3 e T4 são os tratamentos com 72, 130, 189 e 260 kg de N disponível/ha. As barras verticais indicam o erro padrão.

A concentração de nitratos desceu para valores inferiores a 400 ppm durante a terceira amostragem, no início do período de reflexão, para todos os tratamentos, exceto T4, que recebeu a maior quantidade de fertilizante.

Sensor SPAD

As medições efectuadas com o sensor SPAD (figura 40) não revelaram diferenças significativas, quer quando a primeira amostra foi recolhida antes da aplicação do adubo de cobertura, quer quando a segunda amostra foi recolhida dezoito dias mais tarde.

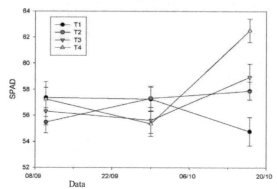

Figura 40: Teor de clorofila nas folhas de couve-flor da variedade Barcelona, unidades SPAD, nos diferentes tratamentos. T1, T2, T3 e T4 são os tratamentos com 72, 130, 189 e 260 kg de N disponível/ha. As barras verticais indicam o erro padrão.

Na terceira amostragem pré-colheita, foram observadas diferenças significativas entre os tratamentos, com o T4 mais fertilizado a apresentar os valores SPAD mais elevados e o T1 não fertilizado os mais baixos.

Sensor DUALEX

Quando as medições foram efectuadas com o sensor DUALEX (Figuras 41 e 42), não foram observadas diferenças significativas para os índices Chl e NBI, quer quando a primeira amostra foi recolhida antes da fertilização com cobertura, quer quando a segunda amostra foi recolhida dezoito dias depois. Na terceira amostragem antes da colheita, observaram-se diferenças significativas entre os tratamentos, com o T4 mais fertilizado a apresentar os valores mais elevados para estes índices e o T1 não fertilizado os mais baixos.

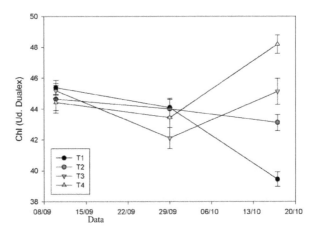

Figura 41. Índice Chl de Dualex, em couve-flor cv. Barcelona, nos diferentes tratamentos com azoto disponível. T1, T2, T3 e T4 são os tratamentos com 72, 130, 189 e 260 kg de azoto disponível/ha. As barras verticais indicam o erro padrão.

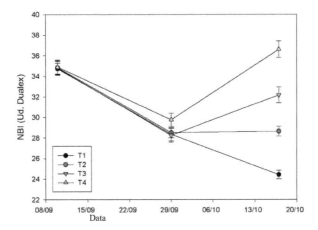

Figura 42. Índice NBI da Dualex, em couve-flor cv. Barcelona, nos diferentes tratamentos com azoto disponível. T1, T2, T3 e T4 são os tratamentos com 72, 130, 189 e 260 kg de azoto disponível/ha. As barras verticais indicam o erro padrão.

Sensor MULTIPLEX

A evolução dos índices SFR e NBI do sensor MULTIPLEX é apresentada nas figuras 43 e 44. Verificaram-se diferenças significativas para o índice NBI em todas as épocas e para o índice SFR a partir da primeira fertilização, após a primeira amostragem. A evolução dos valores destes índices foi semelhante para todos os tratamentos, sendo os valores mais baixos obtidos para os tratamentos menos fertilizados T1 e T2.

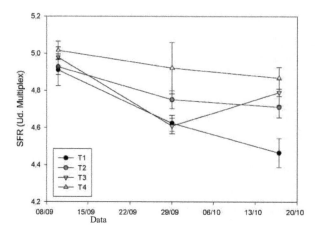

Figura 43. Índice Multiplex SFR para couve-flor cv. Barcelona, nos diferentes tratamentos com azoto disponível. T1, T2, T3 e T4 são os tratamentos com 72; 130;   189 e 260 kg N /ha estão disponíveis. As barras verticais indicam o erro padrão.

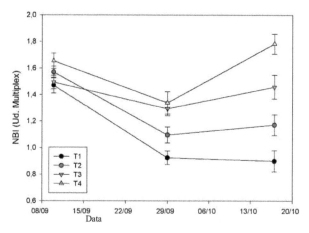

Figura 44. Índice NBI múltiplo para couve-flor cv. Barcelona, nos diferentes tratamentos com azoto disponível. T1, T2, T3 e T4 são os tratamentos com 72; 130;   189 e 260 kg N disponível/ha. As barras verticais indicam o erro padrão.

Sensor CROP CIRCLE

Nas trajetórias realizadas com o sensor crop circle, foram observadas diferenças significativas entre os tratamentos para os índices NDRE e NDVI para cada data de amostragem (Figuras 45 e 46). Os maiores valores desses índices foram obtidos para os tratamentos mais adubados e os menores para os tratamentos menos adubados.

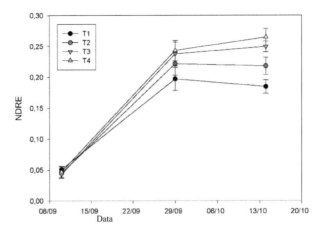

Figura 45. Índice NDRE do Crop Circle, para couve-flor cv. Barcelona nos diferentes tratamentos com azoto disponível. T1, T2, T3 e T4 são os tratamentos com 72; 130; 189 e 260 kg de azoto disponível/ha. As barras verticais indicam o erro padrão.

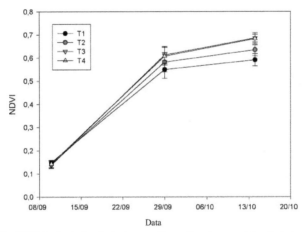

Figura 46. Índice NDVI do círculo de colheita da couve-flor cv. Barcelona nos diferentes tratamentos com azoto disponível. T1, T2, T3 e T4 são os tratamentos com 72; 130; 189 e 260 kg de azoto disponível/ha. As barras verticais indicam o erro padrão.

Mineralização da matéria orgânica do solo

A taxa de mineralização no horizonte superior de 0,2 m atingiu um valor médio de 0,22 mgN/kg de solo seco por dia (Figura 47), sem diferença significativa entre os tratamentos. Este valor corresponde a 57 kgN/ha para a cultura do Penodo, extrapolado para a camada superior do solo até 0,3 metros.

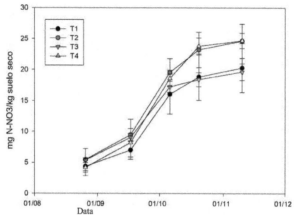

Mineralização (mg N/kg de solo seco) medida em resinas a uma profundidade de 0,2 m, no ensaio de couve-flor da variedade Barcelona em 2014, nos tratamentos T1, T2, T3 e T4 com 72; 130; 189 e 260 kg N disponível /ha. As barras verticais indicam o erro padrão.

Balanço do azoto

Das condições do balanço, podemos deduzir que existe um excesso de azoto, nomeadamente nos tratamentos T3 e T4, que são os mais fertilizados. Isto pode indicar perdas devidas à volatilização do azoto aplicado como adubo, o que é frequente nos solos com pH superior a 7 e nos quais é aplicado nitrosulfato de amónio. Nos tratamentos T1 e T2, o azoto disponível não foi suficiente para cobrir as necessidades, o que indica uma menor extração de azoto pelas plantas. Não foram observadas diferenças significativas na eficiência de utilização do azoto (quadro 31).

Quadro 31: Balanço de azoto (kg/ha) a uma profundidade de 0,6 m

	Nmin ini	Nfert	Nminer[l23]	Nmin fin	Ncos	Nlix[4]	[56]	Balanço	EUN[7]
			kgN/ha						kg/kgN
T1	72±5a	0	57±3	8±1a	83±6a	17±2a		21±8a	57±7
T2	94±4b	36	57±3	8±2a	104±6a	24±2ab		50±5ab	59±5
T3	110±1bc	79	57±3	11±2a	136±8b	25±2b		75±10b	59±6
T4	124±6c	136	57±3	20±4b	155±13b	24±1ab		119±12c	55±5
	***			**	***	*		***	ns

4.4. 2013. Var. Típico

Cobertura vegetal, altura e biomassa

---

1) N mineral inicial. 2) N aplicado como fertilizante. 3) N mineralizado de 0 a 0,3 m. 4) N mineral no final da colheita. 5) N removido na colheita. 6) N lixiviado por irrigação ou chuva. 7) Eficiência de utilização do azoto: kg de cultura por kg de N disponível. Significância : *** (p<0,001); ** (p<0,01); * (p<0,05); ns: não significativo. Letras diferentes na mesma coluna indicam diferenças significativas (p<0,05) pelo teste de Tukey.

O quadro 32 apresenta os resultados e as suas diferenças significativas entre tratamentos para a altura, o coberto e a biomassa da cultura no início da colheita. A altura foi significativamente diferente entre os tratamentos, dependendo da quantidade de azoto disponível. O coberto vegetal foi significativamente mais elevado no tratamento mais fertilizado do que no tratamento T1 não fertilizado. Não foram observadas diferenças significativas para os valores de biomassa.

Tabela 32: Cobertura vegetal, altura e biomassa, em 21.01.2014, no início da colheita.

Tratamentos	Altura (m)		Taxa de cobertura (%)		Biomassa (Mg/ha)	
T1	0,56 ± 0,01	a	81 ± 4	a	5,93 ± 0,50	ns
T2	0,62 ± 0,01	b	89 ± 4	de	6,43 ± 0,39	ns
T3	0,68 ± 0,01	c	92 ± 1	de	6,76 ± 0,33	ns
T4	0,70 ± 0,01	c	93 ± 1	b	7,43 ± 0,21	ns

Letras diferentes diferem significativamente no teste Tukey (p<0,05). ns: sem diferença significativa.

Produção total

A produção média total de couve-flor nos tratamentos T3 e T4 com adubação foi de cerca de 20.000 kg/ha (Quadro 33). Verificaram-se diferenças significativas entre os tratamentos em termos de azoto disponível.

Quadro 33: Rendimentos totais, foliares e em pellets (kg/ha) de azoto típico e disponível no ensaio de 2013.

Tratamentos	Barco-bar	Pellas	Folhas	Total
		kg/ha		
T1	84	10.035 a	32.066 a	42.101 a
T2	130	14.113 de	37.135 de	51.248 a
T3	190	18.910 A.C.	45,635 de	64.545 a
T4	260	22.392 c	50.811 b	73.203 b
		**	**	**

** Significância (p<0,01) numa análise de variância. Letras diferentes diferem significativamente num teste Tukey (p<0,05).

A análise de regressão não linear da produção total relativa da couve-flor em função do azoto disponível (Ndisp = Nmin+Nfertilizante) mostra que a produção se estabiliza em valores de 189 ± 45 kg Ndisp/ha (figura 48). Neste caso, os tratamentos T1 e T2 estão abaixo deste nível de azoto disponível, enquanto os tratamentos T3 e T4 estão acima deste nível de azoto disponível.

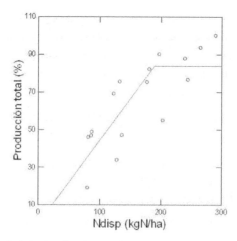

Figura 48. Produção total relativa de pellets de couve-flor da variedade Typical em função do azoto disponível no solo (Nmin + N fertilizante).

Concentração de azoto nas folhas

O teor de azoto nas folhas da couve-flor manteve-se em cerca de 4,5% para os tratamentos T3 e T4 até à terceira amostragem, 12 dias após a segunda adubação de cobertura (figura 49). Para os tratamentos T1 e T2, esta concentração manteve-se até à segunda amostragem, 14 dias após a primeira adubação de cobertura. Só na terceira amostragem é que se observaram diferenças significativas entre os tratamentos, com o tratamento T1 não fertilizado a destacar-se dos outros. A partir daí, a concentração de azoto diminuiu gradualmente, atingindo 3% para os tratamentos T3 e T4 e 2% para os tratamentos T1 e T2 na quinta amostragem, no início da colheita. De acordo com o modelo de Greenwood (1986), os tratamentos T1 e T2 apresentaram concentrações de azoto inferiores aos valores de azoto cítico (Figura 50).

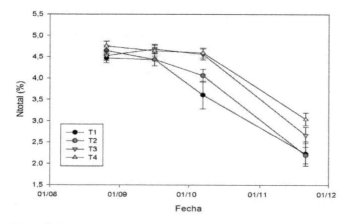

Figura 49. Concentração de azoto total (%) da couve-flor típica em folhas ao longo da colheita de 2013. T1, T2,

66

T3 e T4 são os tratamentos com 84; 130; 190 e 260 kg de azoto disponível/ha.

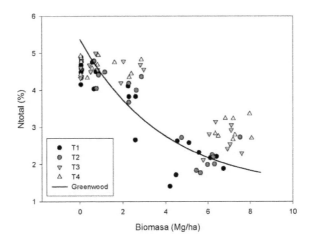

Figura 50. Concentração de azoto total (%) na couve-flor Var. Typical em função da biomassa (Mg/ha) em 2013. T1, T2, T3 e T4 são os tratamentos com 84, 130, 190 e 260 kg de N disponível/ha. É apresentada a curva analítica do modelo de Greenwood 1986.

Teor de azoto do solo

O teor inicial de Nmin (6 de agosto) no perfil do solo a uma profundidade de 0,6 m variou de 80 a 180 kg/ha (Figura 51). Após quinze dias, o teor de Nmin desceu para 60 kg/ha no tratamento T1, manteve-se estável nos tratamentos T2 e T3 e subiu para mais de 200 kg/ha no tratamento T4. No final da colheita, o teor de Nmin desceu para menos de 20 kg/ha em todos os tratamentos. O horizonte superficial até 0,15 m parece quase esgotado.

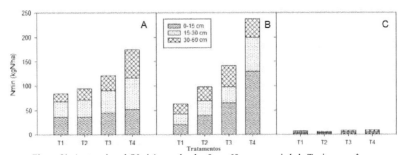

Figura 51. Azoto mineral (Nmin) no solo, dos 0 aos 60 cm, na variedade Typique, no ânus. 2013, (A) em 6 de agosto, aquando do transplante, (B) em 16 de setembro , quinze dias mais tarde.

após a primeira fertilização e (C) em 10 de março, no final da colheita.

Teor de N-nitratos no sumo

Na primeira amostragem, quatro dias antes da adubação de cobertura, a concentração de N-NO3⁻ no suco estava entre 1200 e 1400 ppm, sem diferença significativa entre os tratamentos (Figura 52).

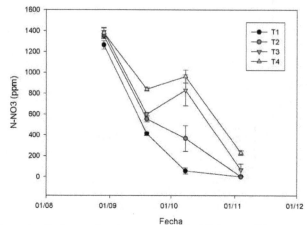

Figura 52. Concentração de N-NO3⁻ (ppm) no sumo da Var. Típica nos diferentes tratamentos. T1, T2, T3 e T4 são os tratamentos com 84, 130, 190 e 260 kg de N disponível/ha. As barras verticais indicam o erro padrão.

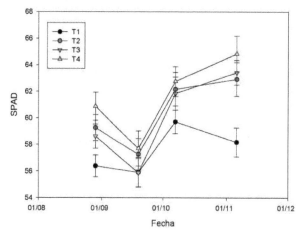

Esta concentração diminuiu na segunda amostragem após a queda de granizo e recuperou na terceira amostragem após a segunda adubação de cobertura, sendo os tratamentos T3 e T4, os mais adubados, significativamente superiores aos tratamentos T1 e T2, os menos adubados. Na quarta amostragem, no início da colheita, a concentração foi inferior a 250 ppm em todos os tratamentos.

Sensor SPAD

Figura 53. Teor de clorofila em folhas de couve-flor Var. Típica, unidades SPAD, nos diferentes tratamentos. T1, T2, T3 e T4 são os tratamentos com 84, 130, 190 e 260 kg de N disponível/ha. As barras verticais indicam o erro padrão.

Na primeira amostragem com o sensor SPAD, foram observadas diferenças significativas antes da primeira aplicação de cobertura vegetal, sendo o tratamento T1 não fertilizado significativamente inferior. A tendência dos valores foi semelhante à do nitrato no sumo. Na quarta amostragem, foram também observadas diferenças significativas entre o tratamento T1 e os restantes no início da colheita (figura 53).

Sensor DUALEX

As medições efectuadas com o sensor DUALEX revelaram diferenças significativas nos índices de Chl e NBI entre tratamentos, todos os dias a partir da primeira data de amostragem antes da fertilização com culturas de cobertura. A tendência dos valores de Chl foi semelhante para todos os tratamentos, com excepção do tratamento T3, que apresentou valores inferiores aos do tratamento T2 na segunda data de amostragem. O índice NBI manteve os seus valores nos tratamentos T3 e T4 e diminuiu nos tratamentos T1 e T2 ao longo da cultura (Figuras 54 e 55).

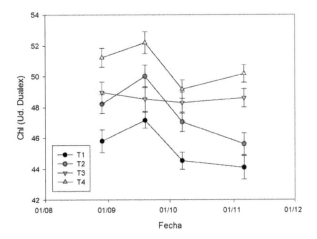

Figura 54. Índice de cloro Dualex, em couve-flor cv. Typical, nos diferentes tratamentos com azoto disponível. T1, T2, T3 e T4 são os tratamentos com 84, 130, 190 e 260 kg de azoto disponível/ha. As barras verticais indicam o erro padrão.

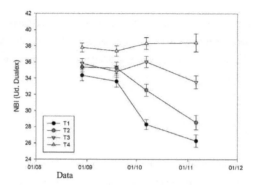

Figura 55. Índice NBI Dualex para couve-flor cv. Typical, nos diferentes tratamentos com azoto disponível. T1, T2, T3 e T4 são os tratamentos com 84, 130, 190 e 260 kg N/ha disponível. As barras verticais indicam o erro padrão.

Sensor MULTIPLEX

As alterações nos índices SFR e NBI para o sensor MULTIPLEX são mostradas nas Figuras 56 e 57. Existem diferenças significativas para cada data nos dois índices

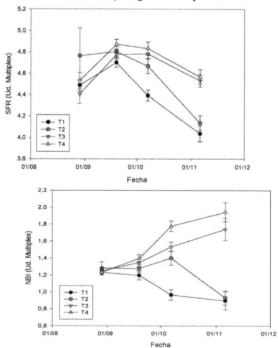

Índices SFR e NBI, a partir da primeira adubação de cobertura (terceira amostragem). A evolução dos valores do índice SFR foi semelhante para todos os tratamentos, com valores mais baixos para os tratamentos menos fertilizados T1 e T2. Dezassete dias após a primeira adubação de cobertura (terceira

amostragem), os valores do NBI começaram a divergir, separando os tratamentos T1 e T2 dos tratamentos T3 e T4.

Figura 56. fodice SFR de Multiplex, em couve-flor cv. Typique, nos diferentes tratamentos com azoto disponível. T1, T2, T3 e T4 são os tratamentos com 84, 130, 190 e 260 kg de azoto disponível/ha. As barras verticais indicam o erro padrão.

Figura 57. fodice NBI por Multiplex, em couve-flor cv. Typique, nos diferentes tratamentos com azoto disponível. T1, T2, T3 e T4 são os tratamentos com 84, 130, 190 e 260 kg de azoto disponível/ha. As barras verticais indicam o erro padrão.

Sensor CROP CIRCLE

Nas trajectórias realizadas com o sensor Crop-Circle, foram observadas diferenças significativas entre os tratamentos para os índices NDRE e NDVI para cada data de amostragem. Durante a terceira amostragem, após a primeira fertilização, os valores NDVI e NDRE dos tratamentos foram ordenados em função do azoto disponível (Figuras 58 e 59).

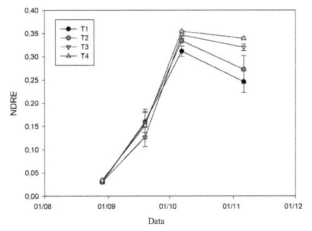

Figura 58. Índice NDRE do Crop Circle, para couve-flor cv. Typical, nos diferentes tratamentos com azoto disponível. T1, T2, T3 e T4 são os tratamentos com 84, 130, 190 e 260 kg de azoto disponível/ha. As barras verticais indicam o erro padrão.

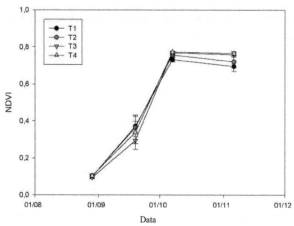

Figura 59. Índice NDVI do Crop Circle para a couve-flor cv. Típica, nos diferentes tratamentos com azoto disponível. T1, T2, T3 e T4 são os tratamentos com 84, 130, 190 e 260 kg de azoto disponível/ha. As barras verticais indicam o erro padrão.

Balanço do azoto

Não se verificaram diferenças significativas no balanço do azoto ou na eficiência da utilização do azoto (quadro 34). Os valores elevados de azoto lixiviado são uma consequência da elevada precipitação durante o ensaio (219 mm). O balanço negativo para todos os tratamentos indica que o azoto que sai do sistema é superior ao azoto que entra. Tal pode dever-se a uma subestimação da mineralização da matéria orgânica e/ou a uma redução da lixiviação do azoto do solo.

Quadro 34. Balanço de azoto (kg/ha) a uma profundidade de 0,6 m.

	Nmin ini[1]	Nfert[2]	Nminer[3]	Nmin aleta[4]	Ncos[5]	Nlix[6]	Balanço	EUN[7]
				kgN/ha				kg/kgN
T1	84±2a	0	41	7±1	148±22a	36±3	-65±19	81±14
T2	95±3ab	35	41	6±1	195±14ab	76±12	-107±27	83±15
T3	122±6b	68	41	8±1	249±18b	76±12	-102±12	83±9
T4	175±12c	85	41	9±1	301±14b	52±17	-61±20	75±3
	***			ns	***	ns	ns	ns

1) N mineral inicial. 2) N aplicado como fertilizante. 3) Média de N mineralizado de 0 a 0,3 m no ensaio de variedades de 2013 em Barcelona. 4) N mineralizado no final da colheita. 5) N removido na colheita. 6) N lixiviado por irrigação ou chuva. 7) Eficiência de uso de N: kg de cultura comercializável por kg de N disponível. Significância : *** (p<0,001); ns: não significativo. Letras diferentes na mesma coluna indicam diferenças significativas (p<0,05) no teste de Tukey.

2) Ano 2014 Var. Típica

Os resultados obtidos com esta variedade são apresentados até ao momento da colheita, quando as inundações do Ebro impediram a sua realização.

Cobertura vegetal, altura e biomassa

O quadro 35 apresenta os resultados e as diferenças significativas entre os tratamentos para a altura, o coberto e a biomassa da cultura no início da colheita. No caso da altura, verificaram-se diferenças significativas entre os tratamentos, em função da quantidade de azoto disponível. O coberto vegetal foi significativamente mais baixo no tratamento não fertilizado do que nos outros tratamentos. A biomassa distinguiu o tratamento mais fertilizado do tratamento não fertilizado.

Tabela 35: Cobertura vegetal, altura e biomassa, a 30 de dezembro de 2014, no início da colheita.

Tratamentos	Altura (m)		Taxa de cobertura (%)		Biomassa (Mg/ha)	
T1	$0,49 \pm 0,01$	a	58 ± 2	a	$5,37 \pm 0,59$	a
T2	$0,61 \pm 0,01$	b	75 ± 3	b	$7,96 \pm 0,53$	de
T3	$0,75 \pm 0,01$	c	84 ± 1	b	$7,43 \pm 0,63$	de
T4	$0,82 \pm 0,01$	c	82 ± 3	b	$8,84 \pm 1,10$	b

Letras diferentes diferem significativamente no teste de Tukey ($p<0,05$). ns: sem diferença significativa.

Concentração de azoto nas folhas

Na primeira amostragem, os níveis de azoto nas folhas da couve-flor no dia anterior à adubação de cobertura situavam-se entre 4 e 4,5% para todos os tratamentos. A partir da primeira amostragem, as concentrações de azoto diminuíram até à colheita, sendo mais elevadas nos tratamentos menos fertilizados T1 e T2, com diferenças significativas entre tratamentos. Os tratamentos T3 e T4 atingiram valores de 3,5% no final da colheita e os tratamentos T1 e T2 atingiram valores de 2,5% nessa altura (Figura 60). De acordo com o modelo de Greenwood (1986), os tratamentos T1 e T2 apresentaram concentrações de azoto inferiores aos valores de azoto cítico (Figura 61).

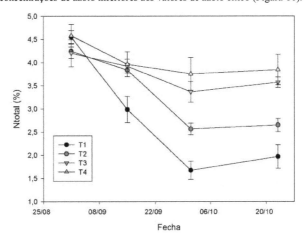

Figura 60. Concentração de azoto total (%) da couve-flor típica em folhas ao longo da colheita em 2014. T1, T2, T3 e T4 são os tratamentos com 65; 130; 190 e 260 kg de azoto disponível/ha.

73

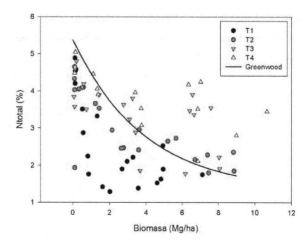

Figura 61. Concentração de azoto total (%) da couve-flor Var. Típica em função da biomassa (Mg/ha) em 2014. T1, T2, T3 e T4 são os tratamentos com 65, 130, 190 e 260 kg de N disponível/ha. É apresentada a curva analítica do modelo de Greenwood 1986.

Teor de azoto do solo

O teor inicial de Nmin (6 de agosto) no perfil do solo a uma profundidade de 0,6 m situava-se entre 60 e 140 kg/ha (figura 62). Desde a aplicação do adubo de cobertura, o teor de Nmin no perfil do solo diminuiu até à colheita. No final da colheita, o teor de Nmin era inferior a 50 kg/ha em todos os tratamentos. O horizonte superficial até 0,15 m parecia quase esgotado.

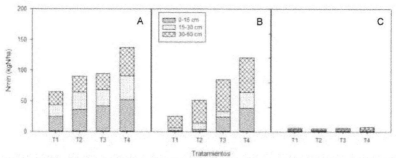

Figura 62. Azoto mineral (Nmin) no solo, de 0 a 60 cm, na variedade Typique, no ânus. 2014, (A) 6 de agosto, aquando da transplantação, (B) 15 de setembro, após a primeira (C) 28 de outubro, após o início da formação dos pellets.

Teor de N-nitratos no sumo

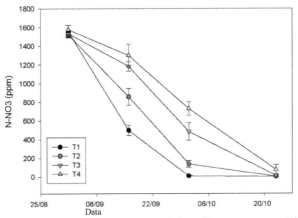

Figura 63. Concentração de N-NO3 (ppm) no sumo da Var. Typical nos diferentes tratamentos. T1, T2, T3 e T4 são os tratamentos com 65, 130, 190 e 260 kg de N disponível/ha. As barras verticais indicam o erro padrão.

Na primeira amostragem, um dia antes da adubação complementar, a concentração de N-NO3⁻ no suco estava entre 1.400 e 1.600 ppm, sem diferença significativa entre os tratamentos. Essa concentração diminuiu até a terceira amostragem, quando foram observados valores abaixo de 800 ppm no início da formação dos pellets, com diferenças significativas entre os tratamentos. Na quarta amostragem, a concentração de nitrato diminuiu ainda mais, atingindo valores abaixo de 200 ppm no início da coleta (Figura 63).

Sensor SPAD

Quando as amostras foram recolhidas com o sensor SPAD após a primeira adubação de cobertura, observaram-se diferenças significativas em todas as datas. Os tratamentos mais fertilizados obtiveram os valores mais elevados e os tratamentos não fertilizados os mais baixos (Figura 64).

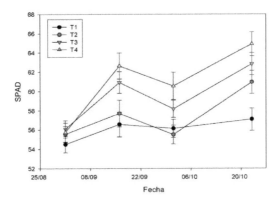

Figura 64. Teor de clorofila em folhas de couve-flor Var. Típica, unidades SPAD, nos diferentes tratamentos. T1, T2, T3 e T4 são os tratamentos com 65, 130, 190 e 260 kg N/ha disponíveis. As barras verticais indicam o

erro padrão.

Sensor DUALEX

Na primeira amostragem efectuada com o sensor DUALEX antes da primeira adubação de cobertura e nas restantes datas, foram observadas diferenças significativas para os índices Chl e NBI. O tratamento T4, que foi o mais fertilizado, apresentou os valores mais elevados para estes índices e o tratamento T1, que não foi fertilizado, os mais baixos (Figuras 65 e 66).

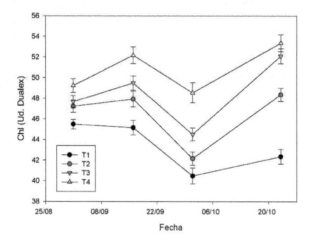

Figura 65. Índice de cloro Dualex em folhas de couve-flor Var. Typical, nos diferentes tratamentos com azoto disponível. T1, T2, T3 e T4 são os tratamentos com 65, 130, 190 e 260 kg de azoto disponível/ha. As barras verticais indicam o erro padrão.

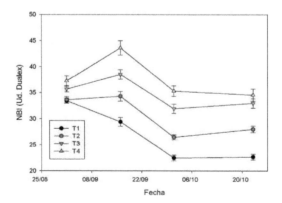

Figura 66. Índice de balanço de azoto Dualex NBI em folhas de couve-flor Var. Typical, nos diferentes tratamentos com azoto disponível. T1, T2, T3 e T4 são os tratamentos com 65, 130, 190 e 260 kg de azoto disponível/ha. As barras verticais indicam o erro padrão.

Sensor MULTIPLEX

A evolução dos índices SFR e NBI do sensor MULTIPLEX é apresentada nas figuras 67 e 68. A partir da primeira amostragem, após a primeira adubação de cobertura, verificaram-se diferenças significativas nos índices NBI e SFR para cada data. A evolução dos valores destes índices foi semelhante para todos os tratamentos, com os valores mais baixos para

A evolução dos valores destes índices foi semelhante para todos os tratamentos, com os valores mais baixos para os tratamentos menos fertilizados T1 e T2.

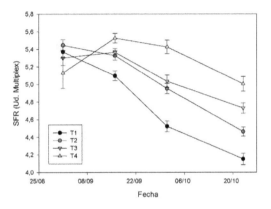

Figura 67.   Índice multiplex SFR em folhas de couve-flor da variedade Typical nos diferentes tratamentos com azoto disponível. T1, T2, T3 e T4 são os tratamentos com 65, 130, 190 e 260 kg de azoto disponível/ha. As barras verticais indicam o erro padrão.

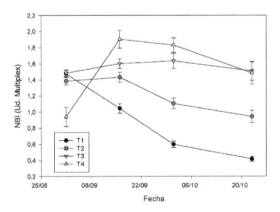

Figura 68.   Índice multiplex NBI em folhas de couve-flor da variedade Typical nos diferentes tratamentos com azoto disponível. T1, T2, T3 e T4 são os tratamentos com 65, 130, 190 e 260 kg de azoto disponível/ha. As barras verticais indicam o erro padrão.

Sensor CROP CIRCLE

Nas trajetórias realizadas com o sensor Crop-Circle, foram observadas diferenças significativas entre os tratamentos para os índices NDRE e NDVI para cada data de amostragem. Os maiores valores desses índices foram obtidos para os tratamentos mais adubados e os menores para os tratamentos menos adubados (Figuras 69 Y 70).

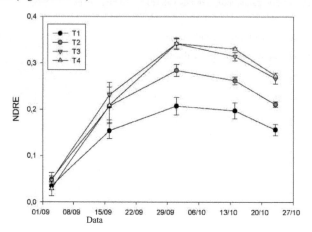

Figura 69. Índice NDRE do Crop Circle numa cultura de couve-flor da variedade Typical nos diferentes tratamentos com azoto disponível. T1, T2, T3 e T4 são os tratamentos com 65, 130, 190 e 260 kg de azoto disponível/ha. As barras verticais indicam o erro padrão.

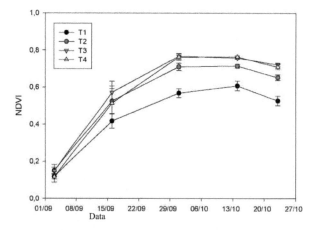

Figura 70. Índice NDVI do Crop Circle numa cultura de couve-flor da variedade Typical, nos diferentes tratamentos com azoto disponível. T1, T2, T3 e T4 são os tratamentos com 65, 130, 190 e 260 kg de azoto disponível/ha. As barras verticais indicam o erro padrão.

4.6. Ano 2012. Var. Casper

Produção total

Talvez devido ao elevado teor de azoto disponível no solo, não se observou uma diferença significativa entre os tratamentos em termos de rendimento de pellets, mesmo para o tratamento não fertilizado (259 kgN/ha) (Quadro 36).

Quadro 36: Produção total, foliar e em pellets (kg/ha) da variedade Casper e azoto disponível no ensaio de 2012.

Tratamentos	Barco-bar	Pellas	Folhas	Total
		kg/ha		
T1	259	34.263	64.497	98.760
T2	359	33.287	61.073	94.360
T3	432	34.949	64.683	99.632
T4	524	33.855	62.165	96.019
		ns	ns	ns

ns: não significativo na análise de variância.

Concentração de azoto nas folhas

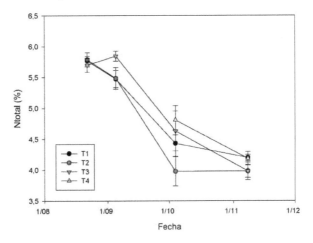

Figura 71: Alterações na concentração de azoto (%) na couve-flor var. Casper em função do Nmin disponível no solo. T1: 259 kgN/ha; T2: 359 kgN/ha; T3: 432 kgN/ha; T4: 524 kgN/ha.

A figura 71 mostra a evolução do teor de azoto (%) nas folhas ao longo da cultura. Na primeira amostragem, vinte dias após a plantação, as concentrações de azoto nas folhas eram de cerca de 6% e diminuíram com o aumento da biomassa da cultura. Não foram observadas diferenças significativas entre as diferentes datas, embora o tratamento tenha apresentado os valores mais baixos no final da cultura, com 259 kgN/ha. Na quarta amostragem, aquando da colheita, foram encontrados valores muito semelhantes entre os tratamentos, na ordem dos 4%.

Teor de azoto do solo

O teor de Nmin no início da colheita, a uma profundidade de 0,6 m, situava-se entre 259 e 424 kg/ha. No final da colheita, o teor de Nmin tinha diminuído em todos os tratamentos para 14 a 36 kg/ha. O horizonte superficial até uma profundidade de 0,15 m estava quase esgotado em todos os tratamentos (figura 72).

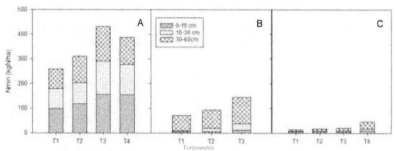

Figura 72. Azoto mineral (Nmin) no solo, de 0 a 60 cm, numa variedade de couve-flor.
Casper, em 2012, (A) 23 de julho, aquando do transplante, (B) 3 de outubro, 26 d^as.
após a cobertura morta e no início da colheita e (C) em 12 de novembro, no final da colheita.

Teor de N-nitratos no sumo

Na segunda amostragem, quinze dias antes da adubação de cobertura, a concentração de N-NO3⁻ no caldo estava entre 5.000 e 6.000 ppm, sem diferença significativa entre os tratamentos. Esta concentração diminuiu até a colheita, com uma concentração menor para o tratamento de 259 kgN/ha do que para os outros tratamentos, mas todos estavam acima dos valores críticos indicados por Kubota *et al.* (1997) para cada data (Figura 73).

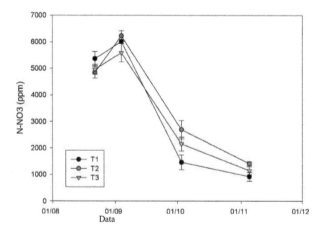

Figura 73. Concentração de N-NO3⁻ (ppm) no suco e nas folhas da couve-flor var. Casper nos diferentes tratamentos em função do azoto disponível no solo. T1: 259 kgN/ha; T2: 359 kgN/ha; T3: 432 kgN/ha. As barras verticais indicam o erro padrão.

Balanço do azoto

Os resultados do balanço de azoto mostram que o tratamento T1, com a menor quantidade de Nmin disponível, foi o mais eficaz, com as menores perdas de azoto. Para os outros tratamentos, as perdas de N podem ser devidas à lixiviação de nitratos e/ou à volatilização do N aplicado como fertilizante, o que é comum em solos com um pH superior a sete e nos quais é aplicado nitrosulfato de amónio (Quadro 37).

Quadro 37. Balanço de azoto (kg/ha) a uma profundidade de 0,6 m.

	Nmin ini1	Nfert2	Nmin fin3 kgN	Nhojas4 /ha	Saldo Ninfl5	EUN6 kg/kgN
T1	259±13a	0	14±1a	200±5	99±4-54±19a	134±11c
T2	309±12b	50	17±2a	194±2	95±153±15b	93±2b
T3	432±13c	0	20±3a	199±9	93±3120±11c	81±3a
T4	424±22c	100	36±7b	201±5	102±6185±23d	65±4a
	***		**	ns	ns***	***

1) N mineral inicial. 2) N aplicado como fertilizante. 3) N mineral final. 4) N extraído na colheita sob a forma de folhas. 5) N extraído na colheita sob a forma de pellets. 6) Eficiência de utilização do N: kg de cultura comercializável por kg de N disponível (Nmin inicial + N fertilizante). Significância : ** (p<0,01); ***(p<0,001); ns: não significativo. Letras diferentes na mesma coluna indicam diferenças significativas (p<0,05) num teste de Duncan.

4.7. Ano 2014. Var. Casper

Cobertura vegetal, altura e biomassa

O quadro 38 apresenta os resultados e as respectivas diferenças significativas entre tratamentos para a altura, o coberto e a biomassa da cultura no início da colheita. A altura foi significativamente diferente entre o tratamento não fertilizado e o tratamento mais fertilizado, T4. O coberto não apresentou diferenças significativas entre os tratamentos. No que respeita à biomassa, o tratamento mais fertilizado diferiu do tratamento não fertilizado.

Tabela 38: Cobertura vegetal, altura e biomassa, em 20.11.2014, no início da colheita.

Tratamentos	Altura (m)		Taxa de cobertura (%)		Biomassa (Mg/ha)	
T1	0,61 ± 0,02	a	81 ± 2	ns	8,75 ± 0,64	a
T2	0,64 ± 0,01	de	81 ± 4	ns	9,46 ± 0,42	de
T3	0,67 ± 0,02	bc	86 ± 1	ns	10,52 ± 0,66	de
T4	0,71 ± 0,01	c	88 ± 1	ns	11,45 ± 0,60	b

Letras diferentes diferem significativamente no teste de Tukey (p<0,05). ns: sem diferença significativa.

Produção total

A produção média total de couve-flor foi de cerca de 30.000 kg/ha (Quadro 39). Em função do azoto disponível, verificaram-se diferenças significativas entre tratamentos, pelo que a produção foi significativamente mais elevada nos tratamentos T3 e T4 do que nos tratamentos T1 e T2.

Quadro 39: Produção total, foliar e em pellets (kg/ha) da variedade Casper e do azoto disponível no ensaio de 2014.

Tratamentos	Barco-bar	Pellas	Folhas	Total
		kg/ha		
T1	104	26.107 a	55.535 a	81.642 a
T2	134	26.780 a	59.660 de	86.440 de
T3	190	30.524 b	64.130 de	94,654 bc
T4	260	32.253 b	66.780 b	99.033 c
		**	***	*

*** Significativo (p<0,001); ** Significativo (p<0,01); * Significativo (p<0,05) na análise de variância. Letras diferentes diferem significativamente num teste Tukey (p<0,05).

A análise de regressão não linear da produção total relativa da couve-flor em função do azoto disponível (Ndisp = Nmin+Nfertilizante) mostra que a produção estabiliza a valores de Ndisp de 143 ± 7 kg Ndisp/ha, valor do parâmetro *a* do modelo de regressão [equação 3] (figura 74). Assume-se que os tratamentos com défice de nutrientes são os que têm um valor de azoto disponível inferior ao valor em que a produção estabiliza. Neste caso, os tratamentos T1 e T2 têm valores de azoto disponível inferiores ao valor de estabilização da produção. Os tratamentos T3 e T4 têm valores de azoto disponível superiores a esses valores.

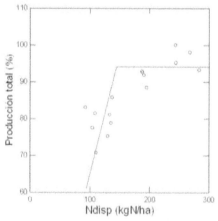

Figura 74. Produção total relativa da couve-flor pellets var. Casper 2014 em função do azoto mineral disponível no solo (Nmin + N fertilizante).

Concentração de azoto nas folhas

Na primeira amostragem, no dia anterior à adubação de cobertura, o teor de azoto nas folhas da couve-flor situava-se entre 5 e 5,5% para todos os tratamentos. A partir da primeira amostragem, as concentrações de azoto diminuíram até à colheita, com concentrações mais elevadas nos tratamentos menos fertilizados T1 e T2, tendo sido observadas diferenças significativas entre tratamentos. Os tratamentos T3 e T4 atingiram valores de 3% no final da colheita e os tratamentos T1 e T2 atingiram valores de 2,5% nessa altura (Figura 75). De acordo com o modelo de Greenwood (1986), os tratamentos T1 e T2 apresentaram concentrações de azoto inferiores aos valores de azoto cítico (Figura 76).

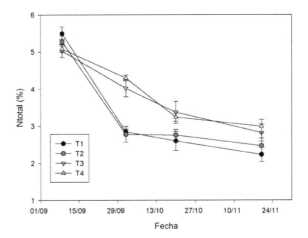

Figura 75. Concentração de azoto total (%) da couve-flor var. Casper ao longo da colheita de 2014. T1, T2, T3 e T4 são os tratamentos com 104; 134; 190 e 260 kg N disponível /ha.

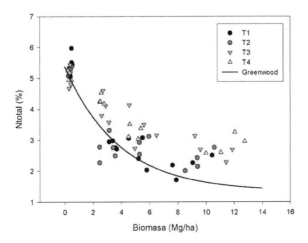

Figura 76. Concentração de azoto total (%) da couve-flor var. Casper em função da biomassa (Mg/ha) em 2014. T1, T2, T3 e T4 são os tratamentos com 104; 134; 190 e 260 kg de N disponível /ha. É apresentada a curva analítica do modelo de Greenwood 1986.

Teor de azoto do solo

O teor inicial de Nmin (12 de agosto) no perfil do solo a uma profundidade de 0,6 m situava-se entre 100 e 150 kg/ha (figura 77). Desde a aplicação do adubo de cobertura, o teor de Nmin no perfil do solo diminuiu até à colheita. No final da colheita, o teor de Nmin era inferior a 10 kgN/ha em todos os tratamentos. O horizonte superficial até 0,15 m parecia estar quase esgotado.

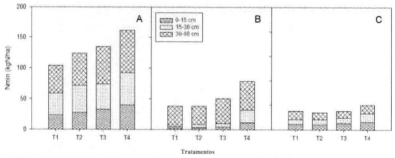

Figura 77.   Azoto mineral (Nmin) no solo, de 0 a 60 cm, para a variedade Casper, por ano.

2014, (A) em 12 de agosto, aquando da transplantação, (B) em 29 de setembro, após a fertilização e (C) em 1 de dezembro, no final da colheita.

Teor de N-nitratos no sumo

Na primeira amostragem, um dia antes da adubação de cobertura, a concentração de N-NO3⁻ no suco estava entre 1.000 e 1.200 ppm (Figura 78), sem diferença significativa entre os tratamentos.

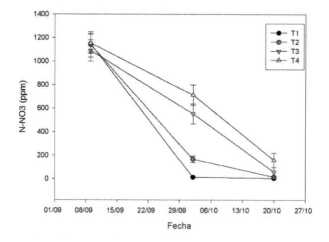

Figura 78.   Concentração de N-NO3 (ppm) no sumo e nas folhas da couve-flor var. Casper nos diferentes tratamentos. T1, T2, T3 e T4 são os tratamentos com 104, 134, 190 e 260 kg de N disponível/ha. As barras verticais indicam o erro padrão.

Na segunda amostragem, dezoito dias após a adubação complementar, essa concentração caiu para valores inferiores a 800 ppm, com diferenças significativas entre os tratamentos T3 e T4, os mais adubados, e os tratamentos T1 e T2, os menos adubados. Na terceira amostragem, a concentração de nitrato no início da colheita continuou a diminuir, atingindo valores inferiores a 200 ppm, com diferenças significativas entre o tratamento T4, o mais fertilizado, e o tratamento T1, o menos fertilizado.

Sensor SPAD

Durante a primeira amostragem das medições do sensor SPAD, antes da fertilização com mulch, foram observadas diferenças significativas. Durante a primeira medição, o tratamento T1 teve os valores SPAD mais elevados e, por conseguinte, não apresentou um teor de clorofila mais baixo do que os outros tratamentos fertilizados. Na terceira amostragem, na altura da colheita, os valores não foram classificados em função do azoto disponível em cada tratamento (Figura 79). Durante a terceira amostragem, o tratamento T3 apresentou valores próximos dos do tratamento não fertilizado.

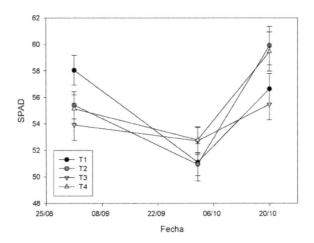

Figura 79.   Teor de clorofila em folhas de couve-flor var. Casper, unidades SPAD, nos diferentes tratamentos. T1, T2, T3 e T4 são os tratamentos com 104, 134, 190 e 260 kg de N disponível/ha. As barras verticais indicam o erro padrão.

Sensor DUALEX

Durante a primeira amostragem, efectuada com o sensor DUALEX antes da primeira adubação de cobertura, não foram observadas diferenças significativas para os índices Chl e NBI. Durante a segunda amostragem, verificou-se que o tratamento T1

Os tratamentos T1 e T2 foram significativamente diferentes dos tratamentos T3 e T4 no que se refere ao índice NBI. Na terceira amostragem, nos dias que antecederam a colheita, foram observadas diferenças significativas entre os tratamentos, sendo que o T4, o mais adubado, apresentou os maiores valores para estes índices e o T1, não adubado, os menores (Figuras 80 e 81).

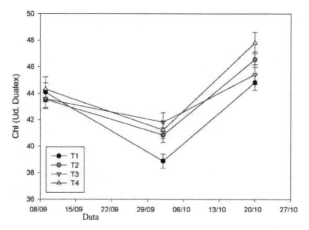

Figura 80. Índice Chl do Dualex em folhas de couve-flor var. Casper, nos diferentes tratamentos com azoto disponível. T1, T2, T3 e T4 são os tratamentos com 104, 134, 190 e 260 kg de azoto disponível/ha. As barras verticais indicam o erro padrão.

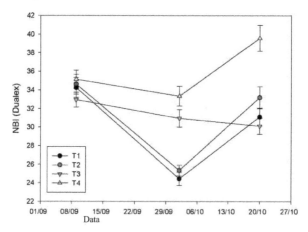

Figura 81. Índice NBI do Dualex em folhas de couve-flor var. Casper, nos diferentes tratamentos com azoto disponível. T1, T2, T3 e T4 são os tratamentos com 104, 134, 190 e 260 kg de azoto disponível/ha. As barras verticais indicam o erro padrão.

Figura 82.

Sensor MULTIPLEX

A evolução dos índices SFR e NBI do sensor MULTIPLEX é apresentada nas figuras 82 e 83. Desde a primeira amostragem, após a fertilização com culturas de cobertura, registaram-se diferenças significativas nos índices NBI e SFR para cada data.

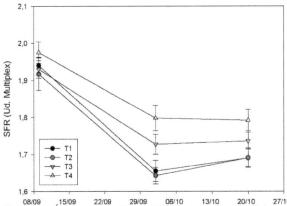

Figura 83. Índice multiplex SFR em folhas de couve-flor da variedade Casper nos diferentes tratamentos com azoto disponível. T1, T2, T3 e T4 são os tratamentos com 104, 134, 190 e 260 kg de azoto disponível/ha. As barras verticais indicam o erro padrão.

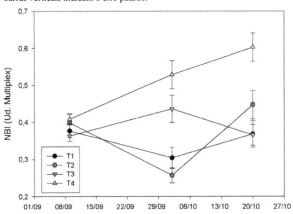

Multiplex IBN em folhas de couve-flor var. Casper nos diferentes tratamentos com azoto disponível. T1, T2, T3 e T4 são os tratamentos com 104, 134, 190 e 260 kg de azoto disponível/ha. As barras verticais indicam o erro padrão.

A tendência dos valores destes índices foi semelhante para todos os tratamentos, sendo os valores mais baixos obtidos para os tratamentos T1 e T2, os menos fertilizados. O tratamento T3, na terceira amostra, apresentou uma tendência decrescente no índice NBI, o que se destaca dos restantes tratamentos e corresponde ao observado com o sensor Dualex e o SPAD.

Sensor CROP CIRCLE

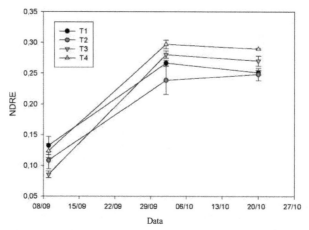

Figura 84. Índice NDRE do Crop Circle em folhas de couve-flor var. Casper, nos diferentes tratamentos com azoto disponível. T1, T2, T3 e T4 são os tratamentos com 104, 134, 190 e 260 kg de azoto disponível/ha. As barras verticais indicam o erro padrão.

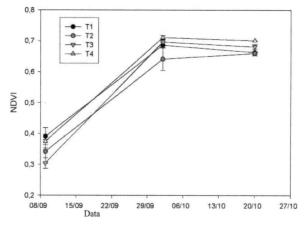

Figura 85. Índice NDVI do Crop Circle em folhas de couve-flor var. Casper, nos diferentes tratamentos com azoto disponível. T1, T2, T3 e T4 são os tratamentos com 104, 134, 190 e 260 kg N/ha disponível. As barras verticais indicam o erro padrão.

Nas trajectórias realizadas com o sensor crop circle, foram observadas diferenças significativas entre os tratamentos para os índices NDRE e NDVI para cada data de amostragem. Os valores mais elevados destes índices foram obtidos para os tratamentos mais fertilizados e os mais baixos para os tratamentos menos fertilizados (Figuras 84 e 85).

Balanço do azoto

Os resultados do balanço do azoto (quadro 40) indicam um balanço negativo para todos os tratamentos, com mais azoto a sair do sistema do que a entrar, o que pode ser devido à adição de azoto através da mineralização da matéria orgânica, que não foi medida neste ensaio. As extracções foram significativamente mais elevadas no tratamento mais fertilizado, T4. Neste ensaio, não obtivemos dados suficientes para estimar a lixiviação do azoto e tomá-la em consideração no balanço.

Quadro 40: Balanço de azoto (kg/ha) a uma profundidade de 0,6 m.

	Nmin ini[1]	Nfert[2]	Nmin aleta[3]		Balanço da Nco[4]	EUN[5]
		kgN/ha				kg/kgN
T1	104±4a	0	8±1	202±27a-106	± 27	253±18a
T2	124±10b	10	7±0	208±20a-81	± 19	200±4b
T3	135±55b	55	8±1	261±22ab-79	± 23	161±3c
T4	162±98c	98	10±1	± 13	286±17b-36	125±6d
	***	ns			*ns	***

1) N mineral inicial. 2) N aplicado como fertilizante. 3) N mineral no final da cultura. 4) N extraído na colheita. 5) Eficiência de utilização do azoto: kg de cultura por kg de azoto disponível: *** (p<0,001); * (p<0,05) ns: não significativo. Letras diferentes na mesma coluna indicam diferenças significativas (p<0,05) no teste de Tukey.

5. DISCUSSÃO

5.1. Valor limiar para a colheita e a fertilização

No ensaio da variedade Barcelona, foram necessários 192 kg/ha de azoto disponível em 2012 para atingir o potencial máximo de produção de pellets. O tratamento T2 apresentou níveis de produção semelhantes aos dos tratamentos mais fortemente fertilizados (T3 e T4).

Em 2013, foram necessários 178 kg/ha de azoto disponível para obter um rendimento total de pellets de cerca de 20 t/ha para a variedade Barcelona. Em 2014, foram necessários 179 kg/ha de azoto disponível para obter um rendimento total de pellets de cerca de 20 t/ha.
Rendimento total superior a 16 t/ha.

Para a variedade Barcelona, o valor médio de azoto disponível acima do qual não se observou qualquer reação de rendimento nos três ensaios foi de 184 ± 20 kgN/ha. Para a variedade Typical, este valor foi de 189 ± 45 kgN/ha em 2013. Para a variedade Casper, não se observou diferença na produção em 2012 devido aos altos valores de azoto mineral disponível no solo, e em 2014, o valor para a mesma variedade foi de 143 ± 7 kgN/ha; estes valores foram significativamente mais baixos do que nos outros ensaios. É possível que os valores de colheita mais elevados para esta variedade tenham sido influenciados pelo método de colheita, em que o destino não foi devidamente tido em conta, e por se tratar de uma couve-flor destinada à indústria, com um peso médio de pele superior ao das variedades destinadas ao consumo em fresco, como a Barcelona e a Típica.

Os valores obtidos com os respectivos intervalos de confiança estão próximos da fertilização azotada óptima para esta cultura, que é de 224 kg N/ha, segundo Everaarts *et al.* (1996). Csizinszky (1996) obteve o rendimento mais elevado para a couve-flor verde com uma fertilização de 294 kg N/ha. Rahn *et al* (1998) determinaram o limite superior de produção para valores entre 240 e 300 kg N/ha de fertilizante. Rather *et al* (2000) determinaram a dose óptima de 250 kg N/ha como a soma do N mineral do solo (Nmin) no momento da transplantação e do N aplicado como fertilizante; estes autores concluíram que não se verificava qualquer resposta à fertilização azotada para um valor de Nmin superior a 210 kg N/ha no horizonte do solo entre 0 e 30 cm ou superior a 270 kg N/ha no perfil do solo entre 0 e 90 cm.

5.2. Nitrogénio nas plantas

Para a variedade Barcelona, a concentração de azoto nas folhas da couve-flor foi superior a 5% para todos os tratamentos durante a primeira amostragem em 2012.

Diminuiu para todos os tratamentos com o aumento da biomassa vegetal, até a colheita, quando foram atingidos valores de 2,5% para T1, 3,5% para T2 e valores acima de 4% para os tratamentos T3 e T4. De acordo com o modelo de Greenwood (1986), neste ensaio apenas o tratamento T1 apresentou concentrações de azoto inferiores aos valores convencionais de azoto, o que justifica a menor produção para este tratamento.

Para a variedade Barcelona, o teor de azoto nas folhas da couve-flor em 2013 foi de cerca de 4,5% quando as amostras foram colhidas pela primeira vez, em todos os tratamentos. No final da colheita, o tratamento T1 atingiu um valor próximo de 2,5%, o T2 3,5% e os tratamentos T3 e T4 valores superiores a 4,5%. De acordo com o modelo de Greenwood (1986), o T1 apresentou concentrações de nitrogênio inferiores aos valores de nitrogênio cítico, o que justifica os menores valores de produção. O tratamento T2, que também teve menor produção, apresentou valores de azoto total acima da curva do centil, mas próximo da zona deficitária distinguida pelo modelo.

Em 2014, o teor de azoto nas folhas da couve-flor do ensaio varietal de Barcelona era de cerca de 5% para todos os tratamentos quando as amostras foram colhidas pela primeira vez, no dia anterior à fertilização de reforço. Os tratamentos T3 e T4 atingiram valores de 3,5% no final da colheita e os tratamentos T1 e T2 atingiram valores de 2,5% nessa altura. De acordo com o modelo de Greenwood (1986), os tratamentos T1 e T2 apresentavam concentrações de azoto inferiores aos valores de azoto cítico.

Para a variedade Typical, o teor de azoto nas folhas da couve-flor em 2013 foi de cerca de 4,5% nos tratamentos T3 e T4. Posteriormente, a concentração de azoto diminuiu gradualmente no início da colheita, atingindo 3% nos tratamentos T3 e T4 e 2% nos tratamentos T1 e T2. De acordo com o modelo de Greenwood (1986), as concentrações de azoto nos tratamentos T1 e T2 foram inferiores aos valores zenitais de azoto.

Em 2014, para a variedade Typical, o teor de azoto nas folhas da couve-flor situava-se entre 4 e 4,5% para todos os tratamentos quando foram colhidas as primeiras amostras. Os tratamentos T3 e T4 atingiram valores de 3,5% no final da colheita e os tratamentos T1 e T2 atingiram valores de 2,5% nessa altura. De acordo com o modelo de Greenwood (1986), os tratamentos T1 e T2 apresentaram concentrações de azoto inferiores aos valores de azoto cítico.

Para a variedade Casper, a concentração de azoto nas folhas era de cerca de 6% na primeira amostragem em 2012 e diminuiu à medida que a biomassa das plantas aumentou. Na quarta amostragem, aquando da colheita, foram encontrados valores muito semelhantes, de cerca de 4%, entre os tratamentos. Não foram recolhidos dados de biomassa neste ensaio, pelo que a curva de azoto não foi registada.

Em 2014, para a variedade Casper, o teor de azoto nas folhas da couve-flor situava-se entre 5 e 5,5% para todos os tratamentos quando foram colhidas as primeiras amostras. Os tratamentos T3 e T4 atingiram valores de 3% no final da colheita e os tratamentos T1 e T2 atingiram valores de 2,5% nessa altura. De acordo com o modelo de Greenwood (1986), os tratamentos T1 e T2 apresentavam concentrações de azoto inferiores aos valores de azoto cítico.

O teor de azoto da couve-flor foi estudado por Rincon *et al* (2001) em Espanha, onde foi aplicada uma fertilização azotada de 325 kg N/ha e foi obtido um teor médio de azoto de quase 6% 20 dias após a plantação, atingindo valores de cerca de 5% no final da cultura. No ensaio de couve-flor de Rincon *et al* (2001), a concentração de azoto total diminuiu até ao fim da cultura. Tal como noutros ensaios com couve-flor realizados por Kage *et al* (2002) e ensaios com brócolos realizados por Magnifico *et al* (1979) e Rincon *et al* (1999), a tendência repetiu-se.

A concentração de azoto total nas folhas da couve-flor teve um comportamento semelhante em todos os ensaios. Nas primeiras amostras, a concentração de azoto total foi superior a 4%, com valores iniciais mais elevados para a variedade Casper. Posteriormente, até à colheita, este valor diminuiu em todos os ensaios devido ao efeito de diluição nas folhas provocado pelo aumento da biomassa da planta. No final da colheita, os tratamentos com menos azoto disponível apresentaram valores mais baixos de concentração de azoto total nas folhas. Embora se trate de um método destrutivo e moroso, permitiu distinguir os tratamentos deficitários ao longo do ciclo da cultura nos diferentes ensaios.

A relação entre a concentração de azoto total e a biomassa vegetal foi estudada por vários autores, como Greenwood (1986 e 1996) e Rahn *et al* (2010a e 2010b), e é apresentada na introdução e na secção Materiais e métodos deste trabalho. Utilizando a curva de azoto, esta relação permitiu distinguir os tratamentos considerados deficientes, para os quais o teor de azoto disponível era inferior ao valor para o qual não se obteve resposta na produção vegetal.

Esta distinção foi mais significativa para as biomassas superiores a 1 mg/ha, abaixo das quais, segundo os estudos citados por Justes *et al.* (1994), a concentração de azoto cítico é independente da biomassa acima do solo.

5.3. Nitrogénio no solo

A análise do azoto mineral nos 60 cm superiores do solo mostrou, em todos os ensaios, que o horizonte superficial estava esgotado no final da colheita. Embora não tenham sido observadas diferenças significativas devido à variabilidade do próprio solo, os tratamentos foram agrupados e identificados com base no azoto mineral presente no solo ao longo da colheita.

A análise do azoto mineral no solo é certamente um método de análise fastidioso, mas permite determinar a quantidade de azoto mineral, quer azotado quer amoniacal, disponível para as plantas no momento da colheita da amostra. Esta análise do solo pode ser efectuada em diferentes momentos da cultura: 1) no início da cultura a uma determinada profundidade do solo, por exemplo, no caso do sistema Nmin (Feller e Fink, 2002), e 2) para determinar a fertilização da camada superior com base na análise do solo dos primeiros 30 centímetros e diagnosticar, com base nos valores obtidos, se se pode ou não esperar um aumento da produção graças ao fertilizante (Krusekopf *et al.*, 2002). Estes sistemas são muito úteis para as culturas hortícolas, uma vez que os valores residuais de Nmin no solo da cultura anterior são frequentemente muito elevados (Ramos *et al.*, 2002; Vazquez *et al.*, 2006), pelo que a fertilização pode ser muito reduzida ou mesmo evitada.

Se adiarmos a análise do solo até ao dia anterior à fertilização com cobertura, podemos adaptar a fertilização azotada de forma mais eficaz, porque temos em conta a possível mineralização da matéria orgânica do solo no início da colheita e as eventuais perdas por lixiviação. Desta forma, podemos ajustar a dosagem com maior exatidão.

A principal desvantagem destes sistemas é o custo da amostragem e análise do solo, bem como a elevada variabilidade espacial dos nitratos no solo (Lopez-Granados *et al.*, 2002; Giebel *et al.*, 2006). Foram desenvolvidos métodos simples e de baixo custo para reduzir os custos de análise (Hartz, 1994; Sepulveda *et al.*, 2003; Thompson *et al.*, 2009).

5.4. Mineralização

No ensaio varietal de Barcelona, a mineralização da matéria orgânica do solo medida no campo em 2012 e 2013 atingiu um valor médio de 41 kg N/ha para a cultura de superfície, extrapolado para uma profundidade de 0,3 m.

No ensaio de 2014, para a mesma variedade, a mineralização atingiu um valor médio de 57 kg N/ha para a copa, extrapolado para a camada superior do solo até 0,3 metros.

Nos sistemas baseados em medições do solo, em modelos de simulação ou no balanço do azoto, a entrada de azoto proveniente da mineralização da matéria orgânica do solo pode representar uma proporção significativa do azoto disponível para as plantas, daí a importância da sua determinação. Nos seus trabalhos sobre as plantas hortícolas, Fink e Scharpf (2000) e Tremblay et *al* (2001) estimaram uma taxa de mineralização de 5 kg N/ha por semana, o que significa que uma cultura de couve-flor de 90 dias pode atingir um fornecimento de N de 60 kg N/ha, o que é próximo dos valores obtidos nos nossos ensaios.

De acordo com vários estudos, a extração de azoto para esta cultura pode variar entre 150 e 300 kg N/ha (Everaarts *et al.*, 1996), 170 e 250 kg N/ha (Everaarts, 2000) e 250 e 498 kg N/ha (Vazquez *et al.*, 2010). Nos nossos ensaios, as extracções médias (folhas e pellets) da couve-flor nos tratamentos considerados não deficitários foram de 246 kg N/ha. Tendo em conta a mineralização média de 46 kg N/ha, o fornecimento de azoto por mineralização da matéria orgânica do solo poderia representar cerca de 20% da extração de azoto da planta nos nossos ensaios.

5.5. Balanços de azoto

Nos tratamentos deficitários, o azoto disponível não foi suficiente para cobrir as necessidades, o que levou a uma redução da extração de azoto pela planta.

A mineralização é uma fonte de azoto relativamente importante em função da fertilidade do solo. A taxa média de mineralização nos ensaios de Valdegon atingiu 41 kg N/ha em 2012 e 2013 e 57 kg N/ha em 2014 durante a estação de crescimento na camada superior de 0,3 metros.

Perdas significativas, que não foram avaliadas, podem resultar da volatilização do azoto aplicado como fertilizante (um parâmetro que não foi medido), que é comum em solos de pH baixo onde o nitrosulfato de amónio é aplicado como fertilizante (Meisinger e Randall, 1991).

A lixiviação estimada não foi muito elevada em quase todos os ensaios, talvez devido a uma boa programação da rega. No entanto, no ensaio com a variedade Typical, foram atingidos valores de lixiviação de 76 kg N/ha em 2013 para alguns tratamentos, o que pode ser devido à acumulação de precipitação durante vários períodos (219 mm).

As extracções médias (folhas e pellets) da couve-flor nos ensaios realizados nos tratamentos considerados não deficientes (aqueles com valores de azoto disponível no solo superiores ao valor para o qual não se obteve resposta produtiva) foram de 246 kg/ha. O azoto disponível médio (Nmin + adubo ND) foi de 190 kg/ha e a mineralização média de 46 kg N/ha, valores muito próximos dos obtidos por Tremblay *et al.* (2001) numa cultura de couve-flor de 90 dias.

Para cobrir as necessidades de 246 kg/ha e sem ter em conta a eficácia da fertilização e as perdas de azoto, foram aplicados 270 kg N/ha (N disponível + mineralização). Rather *et al* (2000) determinaram a taxa óptima de 250 kg N/ha como a soma do N mineral no solo (Nmin) na plantação e do N aplicado como fertilizante.

O valor limite médio de N para Barcelona e Typique é de 186 kg N/ha. Se acrescentarmos a mineralização média medida de 46 kg N/ha, obtemos um total de 232 kg N/ha, um valor muito próximo da necessidade média de 246 kg/ha.

Nesta secção, podemos concluir que os resultados da análise do balanço nos diferentes ensaios confirmam a utilidade do método Nmin para o planeamento da fertilização azotada da couve-flor, bem como a importância que o azoto mineralizado pode ter no balanço e a necessidade de reduzir as perdas por lixiviação através de um planeamento correto da rega. As extracções médias das variedades de couve-flor estudadas nos tratamentos considerados não deficitários foram de 246 kg de azoto por hectare.

5.6. Sensor SPAD

Os resultados obtidos com o sensor SPAD são muito variáveis e pouco repetíveis. De um modo geral, não foram observadas diferenças entre os tratamentos antes da fertilização complementar, ou seja, até cerca de trinta dias após a transplantação. Depois disso, o SPAD só conseguiu detetar diferenças uma vez, nos vinte dias seguintes à fertilização. O SPAD pôde detetar diferenças nas determinações posteriores, perto da formação dos pellets.

A amostragem SPAD é rápida, embora seja um método de medição da permeabilidade (leaf pinch) que é influenciado por vários factores, como a hora do dia, a humidade da superfície foliar, a espessura ou a posição da folha, etc., que exigem um protocolo rigoroso para a sua determinação (Hoel e Solhaug, 1998; Martinez e Guiamet, 2004). Alguns estudos mostram que o clorofilómetro só é capaz de detetar deficiências graves de azoto (Villeneuve *et al.*, 2002) ou requer uma parcela bem fertilizada como referência (Westcott e Wraith, 1995). Outros autores duvidam que este método possa determinar de forma fiável a concentração de azoto nas plantas (Himelrick *et al.*, 1993). (1993) para os pimentos, Goffart *et al.* (2006) para a chicória e Gianquinto *et al.* (2003) para a batata recomendam a sua utilização, enquanto Villeneuve *et al.* (2002) para os brócolos e Tremblay *et al.* (2002) para o feijão verde recomendam a sua utilização para a couve. não são recomendados para recomendações de subscritores.

94

5.7. Sensor DUALEX

Os valores iniciais de Chl para o Dualex na variedade Barcelona foram de 44 unidades (quadro 41). Na determinação final, os valores mantiveram-se iguais ou aumentaram até 9% nos tratamentos mais fertilizados (T3 e T4), enquanto diminuíram 2,3% nos tratamentos menos fertilizados (T1 e T2). O índice NBI partiu de valores iniciais próximos de 4 unidades, que aumentaram ligeiramente no final das medições nos tratamentos mais fertilizados (2%) e diminuíram radicalmente nos tratamentos menos fertilizados (20,7% em média). Verifica-se, portanto, que os índices Chl e NBI mantiveram ou aumentaram ligeiramente os seus valores nos tratamentos fertilizados ao longo da colheita, ao passo que diminuíram nos tratamentos não fertilizados, com uma gradação entre T1 e T4. Esta diminuição foi particularmente acentuada para o índice NBI.

Tabela 41. Valores médios iniciais e finais de Dualex para os tratamentos fertilizados (F) e não fertilizados (NF) nos ensaios da variedade Barcelona em 2012, 2013 e 2014, com variação percentual (±A).

	Chl original	Chl final	±Д	BNA inicial	Final BNA	±Д
Dualex F	46,2	50,3	8,9%	35,0	35,7	2,0%
Dualex NF	43,5	42,5	-2,3%	33,0	26,2	-20,7%

Para a variedade Typical (quadro 42), os valores iniciais do Dualex Chl eram próximos de 48 unidades e aumentaram ligeiramente nos tratamentos fertilizados (3,5%), enquanto diminuíram nos tratamentos não fertilizados (-3,4%). Partindo de um valor inicial de 35 unidades, o BIL diminuiu tanto nos tratamentos fertilizados como nos não fertilizados, mas em maior medida nos últimos (-22,9%).

Tabela 42. Valores médios iniciais e finais de Dualex para os tratamentos adubados (F) e não adubados (NF) nos ensaios de variedades típicas em 2013 e 2014, com variação percentual (±Д).

	Chl original	Chl final	±Д	BNA inicial	Final BNA	±Д
Dualex F	49,3	51,1	3,5%	36,4	34,9	-4,3%
Dualex NF	46,7	45,1	-3,4%	34,2	26,4	-22,9%

Para ambas as variedades, o teor de clorofila foi mantido ou ligeiramente aumentado nos tratamentos fertilizados e diminuído nos tratamentos não fertilizados. O índice NBI é mais significativo devido à introdução do fator de stress proporcionado pelo índice de flavonóides utilizado no cálculo. Esta tendência do índice NBI coincide com a observada nos ensaios de Padilla *et al.* (2014) em melão e Cerovic *et al.* (2015) em videira.

Os resultados obtidos com o sensor DUALEX indicam que ele é geralmente mais repetível e sensível do que o SPAD para detetar diferenças entre tratamentos antes da aplicação do fertilizante de cobertura e nos vinte dias seguintes à aplicação do fertilizante, o que poderia ser útil para corrigir eventuais défices de fertilização azotada em função da duração do ciclo de colheita. O sensor DUALEX fornece duas medições relativas ao teor de clorofila Chl e ao balanço de azoto NBI. Embora o índice NBI pareça mais relevante do que o índice Chl, a utilização dos dois valores permite um melhor diagnóstico do estado da planta em relação à fertilização azotada. A amostragem com DUALEX é rápida e, como se trata de um método de medição da permeabilidade (leaf pinch), é influenciada pelos mesmos factores que o SPAD.

5.7.1. Curva NBI crítica Dualex

Após a análise dos resultados obtidos nos ensaios com o sensor Dualex, em que este mostrou sensibilidade para distinguir significativamente os tratamentos deficitários, verificou-se que existia uma correlação linear significativa entre os valores do índice NBI Dualex e a concentração de azoto total na folha durante o desenvolvimento da planta. Padilla *et al* (2014) para o melão e Cerovic *et al* (2015) para a videira encontraram correlações elevadas entre o índice NBI e a concentração de azoto na folha da planta.

A Figura 86 apresenta os valores obtidos para o índice Dualex-NBI e concentração de azoto foliar total para a variedade Barcelona nos ensaios de 2012, 2013 e 2014.

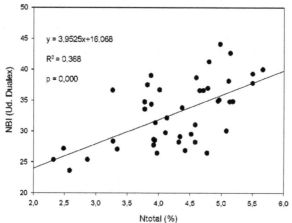

Figura 86. Relação entre o índice Dualex-NBI e a concentração de azoto total em folhas de couve-flor da variedade Barcelona em 2012, 2013 e 2014. O valor de p indica o grau de significância estatística.

A Figura 87 apresenta os valores da variedade Típica para os anos de 2013 e 2014.

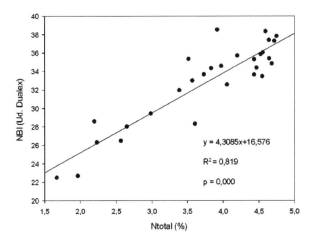

Figura 87. Relação entre o índice Dualex-NBI e a concentração de nitrogênio total em folhas de couve-flor da variedade Típica em 2013 e 2014. O valor de p indica o grau de significância estatística.

Foi efectuada uma comparação dos parâmetros de regressão para as duas variedades e verificou-se que não havia diferenças significativas entre elas. Assim, foi possível estabelecer uma regressão comum para as duas variedades, cujo resultado é apresentado na figura 88.

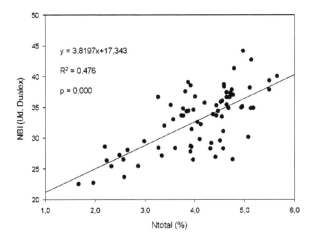

Figura 88. Relação entre o índice Dualex-NBI e a concentração de azoto total nas folhas das variedades de couve-flor Barcelona e Typical. O valor de p indica o grau de significância estatística.

Após ter verificado a existência de uma relação linear altamente significativa entre os dois parâmetros, e tendo em conta que a concentração total de azoto está ligada à biomassa pelas funções cíclicas do azoto, foi adaptada uma função da BNB e da biomassa vegetal. Esta função é interpretada da mesma forma que o modelo do azoto cíclico e tem por objetivo delimitar uma região BN cíclico.

Para estabelecer a curva analítica Dualex-NBI, foram utilizados os resultados da biomassa e do Dualex-NBI. Para ajustar a curva analítica para o azoto em Jud^a, aplicou-se a metodologia indicada por Olasolo (2013) e, para tal, seleccionaram-se os tratamentos com os valores mais baixos entre os tratamentos significativamente mais produtivos. Com esses dados, ajustou-se um modelo não linear, derivado de Greenwood (1986), e a equação :

$$y = a * (1 + e *)^{-ßx} \qquad [8]$$

em que "y" é o valor do índice NBI (ud. Dualex) e "x" a biomassa da planta (Mg/ha). Foi ajustado um modelo para a variedade de ciclo mais curto, Barcelona, e outro modelo para a variedade de ciclo médio Typical. Ambos os modelos apresentaram parâmetros e regressões muito significativos. Verificou-se que não existiam diferenças significativas entre os parâmetros dos dois modelos, pelo que foi ajustado um modelo comum para as duas variedades. A função ajustada foi a seguinte:

$$y = 19,815 \, (1 + e^{-0,2^{3 \cdot X}}) \qquad)[9]$$

regressão e parâmetros altamente significativos (tabela 43).

Soma de quadrados (SC), graus de liberdade (gdl), quadrados médios (MS) e valor da estatística F. Valor dos parâmetros "a" e "b" da função [8], erro padrão (SE) e valor da estatística t (tobserved). Significância : ***=p<0.001.

Fonte	SC	gdl	CM	F	Parâmetros		SE	tobservada
Regressão	19.036,60	2	9.518,30	2060,8***				
Erro	73,89	16	4,61871		a =	19,815	0,598	33,11***
Total	19.110,50	18			b =	0,23	0,041	5,56***
R² corrigido	0,8008							

A figura 89 mostra o modelo comum para as duas variedades e os limites superior e inferior do intervalo de confiança (95%) do modelo. Para biomassas superiores a 1 Mg/ha, a curva identifica corretamente 92% dos tratamentos mais produtivos sem carência de azoto e 79% dos tratamentos com carência de azoto. Consequentemente, esta curva determina os limiares de

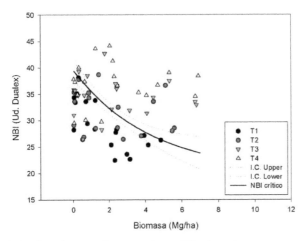

abaixo do qual a couve-flor apresenta um défice de azoto.

Figura 89.   Índice Dualex-NBI e biomassa (Mg/ha) das variedades Barcelon e Typique

Ensaios em 2012, 2013 e 2014. Curva analítica ajustada do NBI em função da   biomassa da planta

(NBI cntico) e intervalo de confiança de 95% (I.C. Superior e I.C. Inferior).

Tendo em conta os valores obtidos para a curva, o   intervalo   de

confiança no modelo e na biomassa vegetal, podemos propor alguns valores de suficiência de Momos (tabela 44):

Tabela 44. Valores mínimos de eficiência do índice Dualex NBI em função da biomassa em três estádios fenológicos da cultura.

	50% Terreno coberto	Botão de flor 1 mm	Antes da colheita
Biomassa (Mg/ha)	1	2	4
NBI (Ud. Dualex)	34-36	31-33	27-29

Os valores de IBW para cada ensaio com as variedades Barcelona e Typical são mostrados abaixo como uma função da biomassa da planta em relação à curva de rendimento desenvolvida (Figuras 90, 91, 92, 93 e 94).

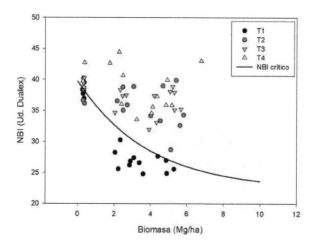

Figura 90. Curva analítica e índice Dualex NBI em função da biomassa vegetal para o ensaio da variedade Barcelona em 2012.

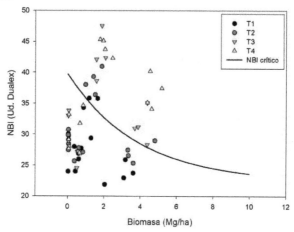

Figura 91. Curva analítica e índice Dualex NBI em função da biomassa da planta para o ensaio varietal Barcelona 2013.

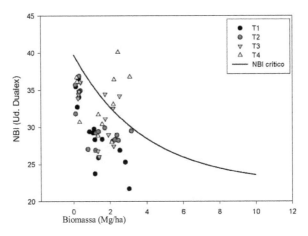

Figura 92. Curva analítica e índice Dualex NBI em função da biomassa vegetal para o ensaio da variedade Barcelona em 2014.

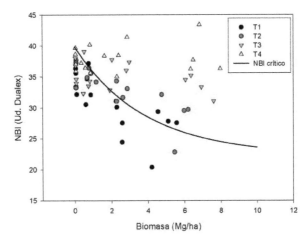

Figura 93. Curva analítica e índice Dualex NBI em função da biomassa da planta para o ensaio varietal típico em 2013.

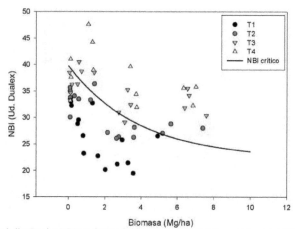

Biomasa (Mg/ha)
Curva dinâmica e índice Dualex NBI em função da biomassa da planta para o ensaio varietal típico em 2014.

Em cada ensaio, foi aplicada a metodologia utilizada por Cerovic *et al.* (2015) para a videira, sendo o modelo avaliado com base nos parâmetros de sensibilidade, especificidade, índice de Youden e índice de exatidão. A sensibilidade do modelo é definida como a percentagem de tratamentos com maiores valores de NBI e maiores valores de rendimento que foram corretamente identificados. A especificidade refere-se à percentagem de tratamentos com valores BIL mais baixos e valores de rendimento mais baixos que foram corretamente identificados. Por outro lado, o índice de Youden (Youden, 1950) e o índice de exatidão (Cerovic *et al.*, 2015) relacionam a sensibilidade e a especificidade do modelo para o classificar em função da adequação do ajustamento efectuado. Para valores do índice próximos de 1, o ajuste é mais robusto, para valores próximos de 0, o oposto é verdadeiro. A Tabela 45 apresenta os valores da sensibilidade, especificidade, índice de Youden e índice de precisão para todos os testes efectuados.

Quadro 45: Curva NBI Dualex. Valores dos índices de sensibilidade, especificidade, Youden e precisão para os testes efectuados em 2012, 2013 e 2014 com as variedades Barcelona e Typical.

	Var. Barcelona			Var. Típico	
Índices	2012	2013	2014	2013	2014
Sensibilidade	1,00	1,00	0,44	1,00	1,00
Específico	0,92	0,69	0,95	0,44	0,74
Índice Youden	0,92	0,69	0,39	0,44	0,74
Índice de precisão	0,98	0,84	0,72	0,72	0,86

A especificidade do modelo, que classifica os tratamentos com menores rendimentos e menores valores de BIN, permite-nos avaliar a capacidade do modelo para identificar tratamentos deficitários susceptíveis de serem corrigidos por fertilização. Por isso, de todos os valores do quadro, vamos concentrar-nos principalmente na especificidade do modelo para a eventual identificação de défices.

A Tabela 45 mostra que foram obtidos valores de especificidade muito elevados para a variedade Barcelona em 2012 e 2014, nomeadamente 0,92 e 0,95. No entanto, para o ano de 2013, o valor de especificidade foi significativamente inferior para esta variedade, o que pode dever-se ao impacto do granizo nas plantas, que provocou uma ligeira desfoliação e alterou o ciclo vegetativo da couve-flor.

O comportamento da variedade Typical é semelhante ao da variedade Barcelona, que registou valores de especificidade muito elevados em 2014. Em 2013, os valores baixaram fortemente, talvez devido ao granizo.

Os índices de Youden e a precisão do modelo mostram valores elevados para os ajustamentos efectuados em cada ensaio. Apenas em 2014, para a variedade Barcelona, e em 2013, para a variedade Typical, os valores do índice de Youden foram significativamente inferiores aos dos outros ensaios. Isto explica-se pelo facto de em 2014, para a variedade Barcelona, a sensibilidade do modelo ter atingido valores mais baixos do que nos outros ensaios e em 2013, para a variedade Typical, a especificidade ter sido significativamente mais baixa do que nos outros ensaios, o que pode ser devido aos efeitos do granizo.

O índice de precisão deu valores muito elevados para o modelo em todos os testes efectuados.

5.8. Sensor MULTIPLEX

Os resultados obtidos com o sensor MULTIPLEX são semelhantes aos do sensor DUALEX quando se trata de estabelecer diferenças entre os tratamentos efectuados antes da aplicação do adubo de cobertura e nos vinte dias seguintes à aplicação do adubo, o que pode ser útil para corrigir eventuais défices de adubação azotada em função da duração do ciclo de colheita. O sensor MULTIPLEX, baseado nas relações de fluorescência, fornece dois valores de medição: o teor de clorofila SFR e o balanço de azoto NBI. Tal como o DUALEX, o índice NBI parece mais pertinente do que o índice SFR, mas a utilização de ambos permite um melhor diagnóstico do estado da planta em termos de fertilização azotada.

A recolha de amostras com o MULTIPLEX é rápida, uma vez que se trata de um método de medição por fluorescência, e embora tenha sido utilizado um detetor portátil para estes testes, este pode ser instalado num veículo, permitindo a realização de visitas a pé.

Para a variedade Barcelona (quadro 46), os resultados foram semelhantes aos da variedade Dualex. O índice SFR inicial era de cerca de 5 unidades e manteve-se nos tratamentos fertilizados, enquanto diminuiu cerca de 5% nos tratamentos não fertilizados. O índice NBI começou com valores próximos de 1,6 unidades e manteve esse valor nos tratamentos fertilizados ao longo da colheita, enquanto diminuiu em média até 33% nos tratamentos não fertilizados. Tal como no caso do Dualex, houve uma gradação entre T1 e T4, e o índice NBI também foi mais diferenciado.

Tabela 46. Valores médios do multiplex inicial e final dos tratamentos fertilizados (F) e não fertilizados (NF) nos ensaios da variedade Barcelona em 2012, 2013 e 2014, com variação percentual (±A).

	SFR inicial	SFR final	±A	BNA inicial	Final BNA	±A
Multiplex F	5	5	=	1.6	1.6	=

Multiplex NF	4.8	4,5	-4.8%	1.4	1.0	-32.8%

O valor SFR do Multiplex para a variedade Typical (Quadro 47) permaneceu estável nos tratamentos fertilizados e diminuiu 16,4% nos tratamentos não fertilizados. O índice NBI para este sensor aumentou para 16,6% nos tratamentos fertilizados e diminuiu acentuadamente para 40,8% nos tratamentos não fertilizados.

Tabela 47. Valores médios do multiplex inicial e final dos tratamentos adubados (F) e não adubados (NF) nos ensaios de variedades típicas de 2013 e 2014, com variação percentual (±A).

	SFR inicial	SFR final	±A	BNA inicial	Final BNA	±A
Multiplex F	4.7	4.7	=	1.4	1.7	16.6%
Multiplex NF	5.0	4.2	-16.4%	1.3	0.8	-40.8%

Tal como no caso do Dualex, o teor de clorofila das duas variedades manteve-se estável ou aumentou ligeiramente nos tratamentos fertilizados e diminuiu nos tratamentos não fertilizados. O índice NBI é mais significativo devido à introdução do fator de stress proporcionado pelo índice de flavonóides utilizado no cálculo. Esta tendência do índice NBI coincide com a observada no ensaio de trigo de Galambosova *et al.* (2014).

5.8.1. Curva crítica de multiplexagem

Tal como no caso do Dualex, após a análise dos resultados dos ensaios com o sensor multiplex, que também demonstrou uma elevada sensibilidade para distinguir os tratamentos deficitários, verificou-se que existia uma correlação linear significativa entre os valores do índice multiplex NBI e a concentração total de azoto nas folhas ao longo do desenvolvimento da cultura em diferentes momentos de medição. Galambosova *et al* (2014) encontraram correlações lineares elevadas entre o índice multiplex NBI e a concentração de azoto nas folhas de trigo.

A Figura 95 compara os valores do multiplex NBI e da concentração de azoto foliar total para a variedade Barcelona em 2012, 2013 e 2014. A Figura 96 compara os valores para a variedade Typical em 2013 e 2014.

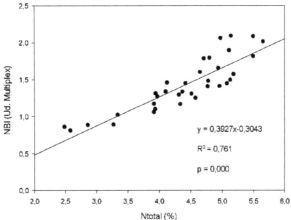

Figura 95. Relação entre o índice multiplex NBI e a concentração de azoto total em folhas de couve-flor da variedade Barcelona em 2012, 2013 e 2014. O valor de p indica o grau de significância estatística.

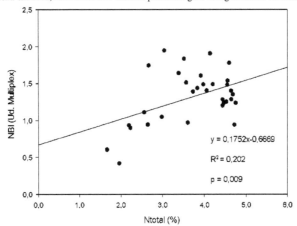

Figura 96. Relação entre o índice multiplex NBI e a concentração de azoto total em folhas de couve-flor da variedade Typical em 2013 e 2014. O valor de p indica o grau de significância estatística.

Foi efectuada uma comparação dos parâmetros de regressão para as duas variedades e verificou-se que não havia diferenças significativas entre elas. Assim, foi possível estabelecer uma regressão comum para as duas variedades, cujo resultado é apresentado na figura 97:

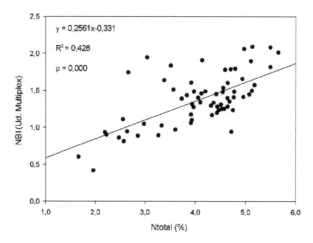

Figura 97. Relação entre o índice multiplex NBI e a concentração de azoto total nas folhas de couve-flor das variedades Barcelona e Typical. O valor de p indica o grau de significância estatística.

Após verificação da existência de uma relação linear muito significativa entre os dois parâmetros, foi ajustada uma função do NBI em função da biomassa vegetal, utilizando o mesmo método que o descrito para o sensor Dualex no parágrafo anterior. A função obtida é a seguinte

$$y = 0,973 \ (1 + e{-0,4}^{67x} \qquad)[10]$$

em que "y" é o valor crítico do índice NBI e "x" é a biomassa da cultura.

regressão e parâmetros altamente significativos (tabela 48).

Soma de quadrados (SC), graus de liberdade (gdl), quadrados médios (MS) e valor da estatística F. Valor dos parâmetros "a" e "b" da função [10], erro padrão (SE) e valor da estatística t (tobserved). Significância : *** = p<0.001.

Fonte	SC	gdl	CM	F	Parâmetros		SE	tobservada
Regressão	38,164	2	19,082	596,3***				
Erro	0,55	17	0,032		a =	0,973	0,072	13,492***
Total	38,713	19			b =	0,467	0,178	2,618*
R² corrigido	0,747							

A figura 98 mostra o modelo comum às duas variedades e os limites superior e inferior do intervalo de confiança (95%) do modelo.

Tal como no caso do Dualex, a partir de uma biomassa de cerca de 1 Mg/ha, a curva identifica 92% dos tratamentos em défice (figura 98). A partir de um determinado valor de biomassa vegetal, esta curva permite assim determinar os limiares abaixo dos quais a couve-flor se encontra em défice de azoto.

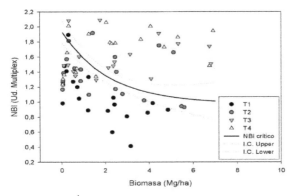

Figura 98. Índice multiplex IBN e biomassa (Mg/ha) das variedades Barcelona e Typical nos ensaios de 2012, 2013 e 2014. Curva BKN ajustada à biomassa da planta (BKN cntico) e intervalo de confiança a 95% (C.I. Superior e C.I. Inferior).

Tendo em conta os valores obtidos para a curva crítica, o intervalo de confiança do modelo e a biomassa da cultura, podemos propor valores mínimos de suficiência (quadro 49).

Quadro 49: Valores mínimos de abundância para o índice multiplex NBI em função da biomassa em três estádios fenológicos da cultura.

	50% Terreno coberto	Botão de flor 1 mm	Antes da colheita
Biomassa (Mg/ha)	1	2	4
NBI (You Multiplex)	1,4-1,6	1,2-1,4	0,9-1,0

Os valores de IBW para cada ensaio das variedades Barcelona e Typical são apresentados a seguir sob a forma de biomassa vegetal em relação à curva crítica (Figuras 99, 100, 101, 102 e 103).

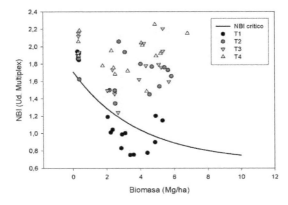

Figura 99. Curva do índice multiplex NBI em função da biomassa da planta para o ensaio varietal de

107

Barcelona em 2012.

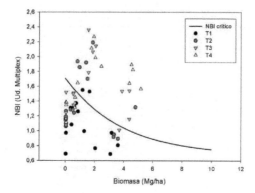

Figura 100. Curva do índice multiplex NBI em função da biomassa da planta para o ensaio varietal Barcelona 2013.

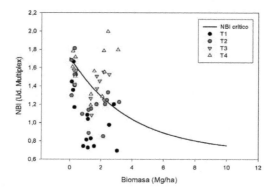

Figura 101. Curva do índice multiplex NBI em função da biomassa da planta para o ensaio varietal de Barcelona em 2014.

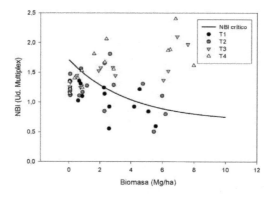

Figura 102. Curva do índice multiplex NBI em função da biomassa da planta para o ensaio varietal típico em 2013.

Figura 103.

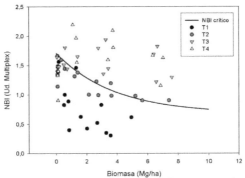

Biomasa (Mg/ha)

Curva dinâmica e índice multiplex NBI em função da biomassa da planta para o ensaio varietal típico em 2014.

Para cada teste realizado, foi aplicada a metodologia utilizada para o Dualex na secção 5.7, em que o modelo é avaliado com base nos parâmetros de sensibilidade, especificidade, índice de Youden e índice de precisão. O quadro 50 apresenta estes valores para todos os testes efectuados.

Quadro 50: Curva de diagnóstico para o NBI multiplex. Valor dos índices de sensibilidade, especificidade, Youden e precisão para os testes efectuados em 2012, 2013 e 2014 com as variedades Barcelona e Typical.

	Var. Barcelona			Var. Típico	
Mdices	2012	2013	2014	2013	2014
Sensibilidade	0,97	0,94	0,56	1,00	1,00
Específico	0,83	0,56	0,90	0,63	0,95
Índice Youden	0,81	0,50	0,46	0,63	0,95
Índice de precisão	0,94	0,75	0,75	0,81	0,97

A especificidade do modelo, que classifica os tratamentos com menores rendimentos e menores valores de BIL, permite-nos avaliar a qualidade do modelo para identificar os tratamentos deficientes que podem ser corrigidos pela fertilização. Assim, de todos os valores da tabela para a possível identificação de deficiências, concentrar-nos-emos principalmente na especificidade do modelo.

O quadro 50 mostra que foram obtidos valores de especificidade muito elevados para a variedade Barcelona em 2012 e 2014 (0,83 e 0,90). No entanto, em 2013, o valor de especificidade foi significativamente inferior para esta variedade, o que pode ser devido ao impacto do granizo nas plantas, que causou uma ligeira desfoliação e alterou o ciclo vegetativo da couve-flor.

Para a variedade Typical, o comportamento é semelhante ao da variedade Barcelona, que apresentou valores de especificidade muito elevados em 2014. Em 2013, os valores baixaram fortemente, talvez devido ao granizo.

Os índices de Youden e de precisão do modelo apresentam valores elevados para os ajustamentos efectuados em cada ensaio. Apenas em 2014 foram obtidos valores inferiores a 0,5 para o índice de Youden da variedade Barcelona. Isto pode ser explicado pelo facto de a sensibilidade do modelo ter atingido valores mais baixos para a variedade Barcelona em 2014 do que para os outros ensaios.

O índice de precisão deu valores muito elevados para o modelo em todos os testes efectuados.

5.9. Sensor CROP CIRCLE

O sensor CROP CIRCLE, baseado nos rácios de reflexão, fornece dois índices de teor de clorofila e de biomassa vegetal, o NDRE e o NDVI. No caso de diferenças de crescimento, o índice NDVI é um bom detetor e, em fases avançadas da cultura, o índice NDRE detecta diferenças de cor causadas por diferentes níveis de clorofila nas folhas. Ao fornecer reflexões no vermelho, no vermelho distante e no infravermelho próximo, pode ser utilizado para calcular outros índices, como o REDVI, que estão altamente correlacionados com o estado nutricional da planta.

O índice NDVI (Rouse *et al.*, 1973) é um índice de vegetação utilizado para estimar a biomassa vegetal. A figura 104, que apresenta os dados das datas de início e fim dos ensaios de 2013 e 2014 para as variedades Barcelona e Typical, mostra a relação entre a biomassa das variedades Barcelona e Typical e o índice NDVI, que apresenta uma boa correlação linear.

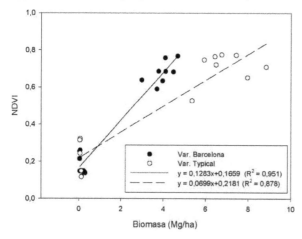

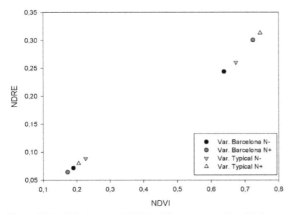

Figura 104.   Relação entre o NDVI e a biomassa vegetal em Mg/ha para as variedades Barcelona e Typical.

O índice NDRE (Barnes *et al.*, 2000) é um estimador do teor de clorofila e indiretamente do teor de azoto. A relação entre este índice e o índice NDVI para os tratamentos mais fertilizados (média de T3 e T4) e menos fertilizados (T1 e T2) em 2013 e 2014 é apresentada na figura seguinte:

Figura 105.   Relação entre NDVI e NDRE para as variedades Barcelona e Typical em 2013 e 2014. N+: tratamentos mais fertilizados, T3 e T4; N-: tratamentos menos fertilizados.

Para todos os tratamentos, observou-se um aumento dos valores NDVI e NDRE para ambas as variedades, em paralelo com o desenvolvimento da planta. Este aumento deve-se ao aumento da reflectância na gama do infravermelho próximo (NIR) e à diminuição simultânea da reflectância nas gamas do vermelho (R) e do vermelho distante (F). As plantas absorvem fotões de luz vermelha e azul para realizar a sua atividade fotossintética, pelo que a reflectância na zona vermelha é maior nas plantas stressadas e menor nas plantas saudáveis (devido à absorção de fotões deste comprimento de onda pelas clorofilas). No infravermelho próximo, a tendência é inversa: as plantas saudáveis têm uma reflectância mais elevada e as plantas stressadas absorvem mais esta radiação. Casa *et al* (2014) encontraram altas correlações entre o teor de clorofila foliar e a razão entre a reflectância NIR e Red-Edge em trigo, feijão e milho.

A reflectância inicial no infravermelho próximo, que era de 27% para as duas variedades, aumenta para valores de 37 e 39% para a Barcelona e a Typical nos tratamentos mais fertilizados e para valores de 34 e 28% para estas variedades nos tratamentos menos fertilizados. A reflectância inicial na zona R, de 19%, diminui para as duas variedades para cerca de 5,5% nos tratamentos fertilizados e para cerca de 7% nos tratamentos menos fertilizados. Na região RE, os valores iniciais de reflectância são semelhantes para as duas variedades, cerca de 23%, e diminuem para valores de 19% nos tratamentos mais fertilizados e 21% nos tratamentos menos fertilizados. Esta evolução dos valores de reflectância nas regiões R, RE e NIR resulta num maior aumento dos valores de NDVI e NDRE para os tratamentos mais fertilizados em comparação com os tratamentos menos fertilizados.

Os resultados obtidos com o sensor CROP CIRCLE revelaram-se mais relevantes do que os obtidos com os sensores SPAD, DUALEX e MULTIPLEX para a deteção de diferenças entre tratamentos ao longo do período de medição, desde antes do mulching até ao início da colheita, porque foi capaz de detetar diferenças entre tratamentos antes dos outros dispositivos e, graças ao número de amostras colhidas continuamente, tem valores de significância estatística mais elevados do que os outros dispositivos e um erro de amostragem mais baixo.

A amostragem com o CROP CIRCLE é rápida, uma vez que é um método de medição de reflectância que pode ser instalado em veículos e permite rondas e uma ampla amostragem de parcelas.

O Crop Circle também foi sensível na distinção significativa dos tratamentos deficitários, mas também se observou que havia uma correlação significativa entre os valores do índice de nutrição azotada REDVI (Tucker *et al.*, 1979) e NNI (Lemaire e Gastal, 1997). Esta correlação também foi encontrada por Cao *et al.* (2013) num ensaio com arroz. O índice REDVI é expresso como a diferença de reflectância entre o NIR (infravermelho próximo) e o Red-Edge. Este índice, a par de muitos outros como o NDRE (Barnes *et al.*, 2000), o RESAVI (Sripada *et al.*, 2006) ou o RERDVI (Roujean *et al.*, 1995), foca-se na zona do espetro entre o Red-Edge e o NIR, onde, como referido na introdução deste trabalho, se encontram maiores diferenças de absorção de luz entre plantas.

O índice NNI é calculado como o quociente entre a concentração de azoto total e a concentração de azoto total abaixo da qual a planta se encontra num estado de défice de nutrientes. Se este índice apresentar valores inferiores a 1, a planta está em défice de nutrientes e, acima deste valor, estamos num estado de consumo de luxo pela planta. É o caso de biomassas superiores a 1 Mg/ha, em que a concentração de azoto cítico depende da biomassa acima do solo, de acordo com os estudos citados por Justes *et al.* Verificou-se que existia uma correlação altamente significativa entre os valores dos índices REDVI e NNI para a variedade Barcelona em 2012, 2013 e 2014, para a variedade Típica em 2013 e 2014 e para as duas variedades em conjunto (Figuras 106, 107). Este facto é consistente com os resultados encontrados por Cao *et al.* (2013) nesta parte do espetro ao longo de todo o ciclo de uma cultura de arroz.

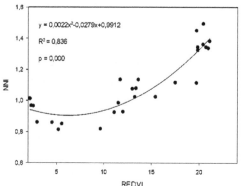

Rácio entre o índice NNI e o índice REDVI para a variedade Barcelona em 2012, 2013 e 2014. O valor de p indica o grau de significância estatística.

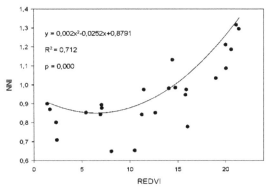

Figura 107. Relação entre o índice NNI e o índice REDVI para a variedade Typical em 2013 e 2014. O valor de p indica o grau de significância estatística.

Foi efectuada uma comparação dos parâmetros de regressão para as duas variedades e verificou-se que não havia diferenças significativas entre elas. Foi portanto possível estabelecer uma regressão comum para as duas variedades, cujo resultado é apresentado na figura 108.

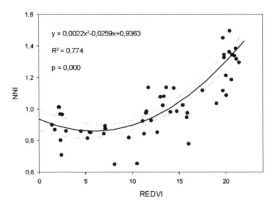

Figura 108. Relação entre o índice NNI e o índice REDVI para as variedades Barcelona e Typical. O valor de p indica o grau de significância estatística. As linhas pontilhadas, paralelas à regressão, representam o intervalo de confiança de 95%.

As figuras mostram que a inclinação da função que liga o índice NNI e o índice REDVI muda consideravelmente a partir do momento em que são atingidas cerca de 10 unidades do índice REDVI. Isto deve-se ao facto de, nesta altura, a planta ainda não ter atingido uma biomassa superior a 1 milhão de g/ha, o que coincide com 50% de cobertura do solo. Para biomassas mais baixas (nos primeiros estádios de desenvolvimento vegetativo da planta), de acordo com os estudos citados por Justes et al. (1994), a concentração de azoto cítico é independente da biomassa acima do solo e o índice NNI está diretamente ligado à concentração de azoto cítico. A partir de uma biomassa de 1 Mg/ha (50% do solo), o índice REDVI pode ser um bom estimador do índice NNI, pelo que pode ser utilizado com os índices NDVI e NDRE para distinguir tratamentos cujo estado nutricional é deficiente.

5.10. Nitrato em sumo

Antes da adubação de cobertura, a concentração média de N-NO3⁻ no sumo era de 2100 ± 873 ppm para todos os tratamentos. Em geral, situava-se entre 1300 e 1500 ppm, exceto em dois ensaios em que foram atingidos valores muito elevados de 2500 e 5500 ppm. Em geral, esta concentração diminuiu ao longo da cultura até à colheita em função do azoto disponível. O tratamento T1 não fertilizado terminou a colheita com valores próximos de zero, enquanto as culturas mais fertilizadas apresentaram valores mais elevados.

A concentração de N-NO3⁻ na seiva foi um indicador muito sensível e repetível, capaz de evidenciar diferenças significativas entre tratamentos, nomeadamente após a adubação de cobertura. Esta determinação foi efectuada cerca de um mês após a transplantação. A concentração de nitrato antes da adubação de cobertura não apresentou diferenças significativas em nenhum dos ensaios e, portanto, não contribuiu para a adaptação da fertilização. Tal como outras medições internas da planta, pode ser influenciada por outros factores, como o défice hídrico, etc. Trata-se de uma medição destrutiva que requer tempo e instalações. Foi descrita como uma técnica valiosa e rápida para estimar as necessidades em azoto (Kubota *et al.*, 1997), tendo outros autores (Olsen e Lyons, 1994) concluído que a concentração de nitratos na seiva é um indicador sensível do estado nutricional em azoto das plantas, bem como das variações do teor de nitratos no solo. A elevada variabilidade dos resultados e a falta de concordância entre os valores centrados foram também objeto de críticas (Westerveld *et al.*, 2003).

5.10.1. Curva N-NO3⁻ em sumo

Para estabelecer a curva do teor de N-NOa" do sumo durante a colheita, foram utilizados os resultados relativos tanto ao período de colheita como à concentração de N-NO3⁻. Estes resultados foram relacionados com o rendimento total de pellets. Os tratamentos significativamente menos produtivos foram rejeitados e, dos tratamentos mais produtivos, foram seleccionados os resultados com os valores mais baixos, seguindo a metodologia indicada por Olasolo (2013) para ajustar a curva de azoto em Jud^a. Com esses dados, foi ajustado um modelo não linear do tipo y = B EXP (-C x), onde y é o teor relativo de N-NO3⁻ (%) e x é o tempo relativo de cultivo (%). Foi utilizado um modelo comum para as variedades de ciclo curto, Barcelona e Casper, e outro para a variedade de ciclo médio, cv. Typique. Para as variedades de ciclo curto, a função ajustada foi a seguinte

$$y = 182,7 \, e^{-0,032 \, x} \qquad [11]$$

A regressão e os parâmetros são muito significativos (quadro 51 e figura 109 A).

Tabela 51. soma de quadrados (SC), graus de liberdade (df), quadrados médios (MS) e valor da estatística F. Valor dos parâmetros "a" e "b" da função [11], erro padrão (SE) e valor da estatística t (tobserved). Significância : *** = p<0.001.

114

Fonte	SC	gdl	CM	F	Parâmetros		SE	tobservada
Regressão	89.342,9	2	44.671,5	316,4***				
Erro	4.800,1	34	141,2		a =	182,771	21,003	8,70***
Total	94.143,0	36			b =	0,032	0,003	9,83***
R² corrigido	0,828							

De acordo com o modelo adaptado, os valores críticos para as variedades Barcelona e Casper são atingidos sob 1195, 651, 488 e 292 ppm $N\text{-}NOa''$ a 10%, 50% de cobertura do solo, 1 mm de botão floral e colheita precoce, respetivamente. Para as variedades de ciclo curto, os valores obtidos correspondem aos recomendados no modelo de Kubota et al. (1997). Antes da primeira colheita, as variedades cv. Barcelona e Casper apresentam um valor médio de 292 ppm, o que corresponde aos valores descritos por Hochmuth (2015) (300-500 ppm) e Kubota et al. (1997) (290 ppm). De acordo com a metodologia descrita anteriormente nos sensores Dualex e Multiplex para o cálculo dos índices de sensibilidade, especificidade, Youden e exatidão, o modelo discrimina, para as variedades Barcelona e Casper, 77% dos tratamentos sem deficiência e 70% dos tratamentos com deficiência (Tabela 52).

Quadro 52: Curva de teste do nitrato no sumo. Valor dos índices de sensibilidade, especificidade, Youden e precisão dos testes efectuados com as variedades Barcelona e Casper.

Sensibilidade	0,77
Específico	0,70
Índice Youden	0,46
Índice de precisão	0,73

Para a variedade "Medium Cycle Typical", a função foi adaptada para ter em conta a ausência de resultados de ensaios para além do estádio de 1 mm de gomo. A função adaptada foi a seguinte

$$y = 120,9\ e\text{-}0,0^{41\,x} \qquad [12]$$

em que a regressão e os parâmetros são muito significativos (quadro 53 e figura 109 B).

Soma de quadrados (SC), graus de liberdade (df), quadrados médios (MS) e valor da estatística F. Valor dos parâmetros "a" e "b" da função [12], erro padrão (SE) e valor da estatística t (tobserved). Significância : *** = p<0.001.

Fonte	SC	gdl	CM	F	Parâmetros		SE	tobservada
Regressão	87.570,7	2	43.785,3	182,7***				
Erro	6.232,3	26	239,7		a =	120,875	13,252	9,12***

Total	93.803,0	28			b =	0,041	0,006	6,56***
R² corrigido	0,676							

Os parâmetros utilizados para avaliar a adequação do modelo (quadro 54) mostram que foi obtida uma sensibilidade superior para esta variedade em relação ao modelo obtido para as variedades de ciclo curto, mas que a especificidade foi inferior.

Quadro 54: Curva de teste para o nitrato em sumo. Valores dos índices de sensibilidade, especificidade, Youden e precisão para os testes efectuados com a variedade Typical.

Sensibilidade	0,89
Específico	0,35
Índice Youden	0,24
Índice de precisão	0,56

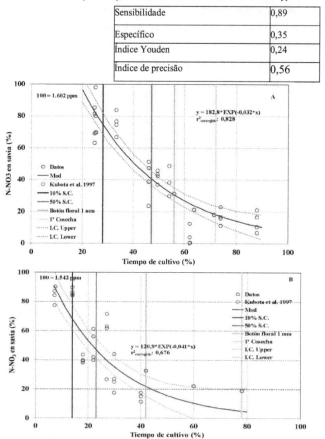

Figura 109. Teor relativo de N-NO3 no sumo (%) em função do tempo relativo de cultivo (%). A: cv. Barcelona e Casper. B: cv. Typical. S.C.: percentagem de cobertura do solo. Foram tidas em conta as recomendações de Kubota *et al* (1997), baseadas nos resultados de Doerge *et al* (1991).

A concentração de nitratos no sumo de cada ensaio com as variedades Barcelona, Casper e Typical é apresentada a seguir em função da percentagem de colheita em relação à curva de rendimento obtida (figuras 110, 111, 112, 113, 114 e 115).

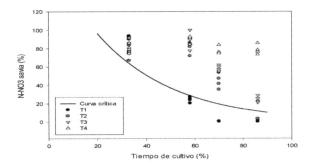

Figura 110. Curva crítica e teor de nitratos no sumo em função do tempo de cultivo para o ensaio de variedades Barcelona 2012.

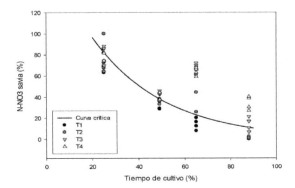

Figura 111. Curva crítica e teor de nitratos no sumo em função do tempo de cultivo para o ensaio de variedades Barcelona 2013.

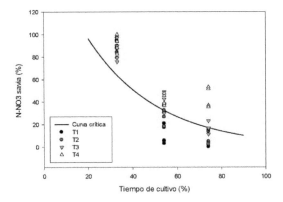

Figura 112. Curva e teor de nitratos no sumo em função do tempo de cultivo para o ensaio da variedade Barcelona em 2014.

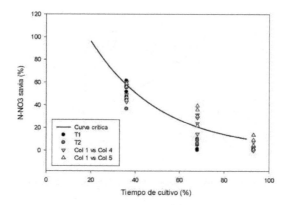

Figura 113. Curva de frio e teor de nitratos no sumo em função do tempo de cultivo para o ensaio varietal Casper em 2014.

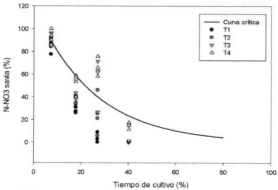

Curva dinâmica e teor de nitratos no sumo em função do tempo de cultivo para o ensaio típico de variedades de 2013.

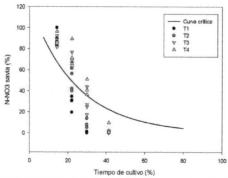

Curva e teor de nitratos no sumo em função do tempo de cultivo para o ensaio varietal típico de 2014.

Para verificar a adequação do modelo a cada teste efectuado, o modelo é avaliado com base nos parâmetros sensibilidade, especificidade, índice de Youden e índice de precisão. A Tabela 55 apresenta os valores da sensibilidade, especificidade, índice de Youden e índice de precisão para todos os testes efectuados.

Quadro 55. Curva de teste para o nitrato em sumo. Valores dos índices de sensibilidade, especificidade, Youden e precisão dos testes efectuados para todos os ensaios.

	Barcelona			Casper	Típico de	
	2012	2013	2014	2014	2013	2014
Sensibilidade	0,92	0,72	0,83	0,46	0,86	0,89
Específico	0,75	0,78	0,37	0,96	0,38	0,35
Índice Youden	0,67	0,50	0,20	0,42	0,23	0,24
Índice de precisão	0,88	0,75	0,57	0,71	0,60	0,56

O quadro 55 mostra que foram obtidos valores de especificidade muito elevados (0,75 e 0,78) para a variedade Barcelona em 2012 e 2013. No entanto, para o ano de 2014, o valor de especificidade para esta variedade foi significativamente inferior. Para a variedade Casper, foram também obtidos valores de especificidade muito elevados em 2014 (0,96). A sensibilidade do modelo foi elevada em todos os ensaios, exceto para a Casper. E o índice de exatidão do modelo apresentou valores superiores a 50% em todos os ensaios.

Considerações finais

Para alguns dos índices DUALEX, MULTIPLEX e CROP CIRCLE, foram encontradas correlações elevadas com o teor de azoto vegetal, que foram utilizadas para ajustar modelos que relacionam a medição com a biomassa da cultura em função do estádio fenológico da cultura. As curvas críticas obtidas para os sensores mostram que a medição se estabiliza a partir de uma biomassa de cerca de 1 milhão de g/ha (50% de cobertura do solo) e que, a partir desse ponto, os tratamentos deficitários começam a diferir dos tratamentos não deficitários, como é o caso do teor de azoto total nas folhas. Estes modelos podem, portanto, ser utilizados para detetar um défice de azoto na nutrição e corrigi-lo através da fertilização. A metodologia descrita nos parágrafos anteriores poderia ser aplicada a outras variedades e/ou culturas, com um maior número de ensaios e um maior número de amostras, a fim de determinar os valores críticos e utilizar estes dispositivos como estimadores do teor de azoto na planta.

Estas deficiências devem ser identificadas atempadamente, de modo a poderem ser corrigidas por uma fertilização generalizada. O momento desta correção depende do ciclo da cultura, do seu estado de desenvolvimento antes do início da formação da película e da técnica de fertilização, e pode ser prolongado no tempo se for utilizada a fertirrigação.

No que diz respeito às medições destrutivas, a concentração de azoto total nas folhas da couve-flor e a concentração de $N\text{-}NO_3^-$ no sumo apresentaram um comportamento semelhante em todos os ensaios. Embora estes métodos sejam destrutivos e demorados, permitiram distinguir os tratamentos deficitários ao longo do ciclo da cultura nos diferentes ensaios.

De todos os métodos utilizados no estudo, os resultados obtidos para a análise Nmin confirmam a utilidade do método para o planeamento da fertilização azotada da couve-flor, bem como a importância que o azoto mineralizado pode ter no balanço, as possíveis perdas por volatilização e a necessidade de reduzir as perdas por lixiviação através de um planeamento correto da rega. De todos os métodos estudados, este é o que fornece mais informação para a tomada de decisões sobre a correcta fertilização azotada, pois é o único que permite conhecer o teor de azoto disponível no solo.

Os resultados obtidos com os instrumentos de medição não destrutivos complementam os resultados Nmin e demonstram a utilidade destes métodos para a deteção de carências no estado nutricional das plantas. O medidor de reflexão ACS-430 CROP CIRCLE permitiu analisar continuamente um grande número de amostras num curto espaço de tempo, reduzindo assim o erro de amostragem e permitindo obter valores vegetais mais representativos do que com os outros equipamentos utilizados. O aparelho também permite recolher amostras de um veículo e geo-referenciar essas medições, dando-nos informações precisas sobre a nossa parcela para podermos programar uma fertilização diferenciada.

Tendo em conta todos os resultados obtidos, o único método atualmente capaz de especificar quantitativamente uma recomendação de fertilização é a análise Nmin. Ao adiar a análise do solo para a véspera da adubação de cobertura, é possível adaptar melhor a fertilização azotada, tendo em conta a possível mineralização da matéria orgânica do solo no início da colheita e as eventuais perdas por lixiviação.

Na minha opinião, nos próximos anos, com o desenvolvimento exponencial da tecnologia, a utilização de aparelhos de reflexão, tanto em laboratório como no campo, capazes de efetuar medições rápidas e precisas ao longo do espetro eletromagnético, representará um salto qualitativo no conhecimento da radiação espetral e na análise da informação que as plantas reflectem, absorvem ou transmitem sob a forma de luz.

É necessário um trabalho fundamental para estudar a informação específica do comprimento de onda que nos ajudará a conceber dispositivos com uma maior capacidade de discriminar os processos fisiológicos das plantas e a aplicar esta tecnologia do laboratório para o campo, para depois a implementar em sistemas mais versáteis como drones, aviões não tripulados ou imagens de satélite.

O objetivo destas equipas deve ser não só detetar precocemente as carências nutricionais, mas também quantificar essas carências para que possam ser corrigidas quantitativamente.

CONCLUSÕES

Conclusões

1.   Para a variedade Barcelona, o valor médio do Nab disponível, acima do qual não é
na produção foi de 184 ± 20 kgN/ha. Para a variedade Típica, esse valor foi de 189 ± 45 kgN/ha em
2013. Para a variedade Casper, não se registou diferença na produção em 2012 e, em 2014, o valor para
a mesma variedade foi de 143 ± 7 kgN/ha; estes valores foram significativamente inferiores aos dos
outros ensaios.

2.   A concentração média de azoto total nas folhas de couve-flor da variedade
Barcelona era superior a 4,5% no início da colheita e cerca de 3,5% na vindima. Para a variedade
Typical, estas médias situam-se entre 4,5% e 3%. Para a variedade Casper, os valores médios situaram-
se entre 5,3% e 4%, e mesmo 2,5%, em dois anos diferentes. Esta concentração apresentou um
comportamento semelhante em todos os ensaios e foi capaz de distinguir os tratamentos deficitários ao
longo do ciclo da cultura nos diferentes ensaios.

3.   Foi estabelecida a relação entre o azoto total e a biomassa vegetal.
utilizando a curva do azoto para distinguir os tratamentos considerados deficientes. Esta distinção foi
mais clara para as biomassas superiores a 1 mg/ha.

4.   As extracções médias para as variedades de couve-flor estudadas foram as seguintes
246 kg de azoto por hectare.

5.   Durante os ensaios varietais em Barcelona, a mineralização do material
A matéria orgânica do solo medida no campo atingiu um valor médio de 46 kg N/ha para a cultura nos
30 cm superiores do solo. O fornecimento de azoto através da mineralização da matéria orgânica do
solo pode representar cerca de 20% da extração de azoto pela planta.

6.   Os resultados da análise do balanço nos diferentes testes confirmam a
A utilidade do método Nmin para o planeamento da fertilização azotada da couve-flor, bem como a
importância que o azoto mineralizado pode ter no balanço, as possíveis perdas por volatilização e o
bom planeamento da rega para reduzir as perdas por lixiviação.

7.   Efetuar a análise do solo imediatamente antes da fertilização.
A utilização de um mulch permite ajustar melhor a fertilização azotada, tendo em conta a eventual
mineralização da matéria orgânica do solo no início da colheita e as eventuais perdas por lixiviação.

8.   Os resultados obtidos com o sensor SPAD foram muito variáveis e de fraca intensidade.
Repetibilidade.

9.   Os resultados obtidos mostram que as medições efectuadas com o DUALEX
Os resultados são mais repetíveis e sensíveis do que os obtidos com o sensor SPAD para a deteção das
diferenças entre tratamentos antes da aplicação da adubação de cobertura e nos 20 dias seguintes à
aplicação do adubo.

10.   Foi estabelecida uma correlação linear significativa entre os valores DUALEX-NBI e a

concentração de azoto total nas folhas durante o desenvolvimento da planta.

11. A curva índice DUALEX-NBI proposta identifica corretamente 92% dos tratamentos sem deficiência de azoto e 79% dos tratamentos com deficiência de azoto.

12. Os resultados obtidos com o sensor MULTIPLEX foram semelhantes aos obtidos com o sensor DUALEX para a deteção de diferenças entre tratamentos.

13. Verificou-se que existia uma correlação linear significativa entre os valores de Índice MULTIPLEX-NBI e concentração de azoto total nas folhas durante o desenvolvimento da planta em diferentes momentos de medição.

14. A curva de índice MULTIPLEX-NBI proposta identifica 92% dos tratamentos defeituosos.

15. Foi demonstrado que os resultados obtidos com o sensor CROP CIRCLE são mais significativos do que os obtidos com os sensores SPAD, DUALEX e MULTIPLEX para a deteção de diferenças entre tratamentos ao longo do período de medição, ou seja, desde a fertilização das culturas de cobertura até ao início da colheita.

16. Foi observada uma correlação significativa entre os valores dos índices REDVI e NNI a partir de uma biomassa superior a 1 Mg/ha.

17. A concentração de N-NO3⁻ na seiva é um indicador altamente sensível e repetível que pode destacar diferenças significativas entre tratamentos, particularmente após a fertilização de cobertura.

18. A curva sumo-nitrato ajustada para as variedades de ciclo curto permite distinguir entre 77% dos tratamentos não deficitários e 70% dos tratamentos deficitários. No caso da curva ajustada à variedade Typical, obteve-se uma maior sensibilidade em comparação com o modelo obtido para as variedades de ciclo curto, mas uma menor especificidade.

REFERÊNCIAS BIBLIOGRÁFICAS

Abuzeid, A.E., Wilcockson, S.J. (1989). Efeitos da data de sementeira, densidade de plantas e ano no crescimento e rendimento das couves-de-bruxelas (*Brassica oleracea* var. *bull* at a subvar. *gemmifera*). La revue des sciences agricoles, 112, 359-375.

Agati, G., Foschi, L., Grossi, N., Volterrani, M. (2015). Deteção não invasiva no campo do estado do nitrogênio em bermuda híbrida (*Cynodon dactylon x C. transvaalensis Burtt Davy*) por um método baseado em fluorescência. Eur. J. Agron, 63, 89-96.

Agati, G., Foschi, L., Grossi, N., Guglielminetti, L., Cerovic, Z. G., Volterrani, M. (2013). Fluorescência versus medição proximal baseada em reflexão do teor de nitrogênio nas gramíneas *Paspalum vaginatum* e *Zoysia matrella*. Eur. J. Agron, 45, 39-51.

Allen, R.G., Pereira, L.S., Raes, D., Smith M. (1998). Evapotranspiração das culturas. Directrizes para o cálculo das necessidades hídricas das culturas. FAO Irrigation and Drainage Paper 56. 300 pp.

Allen, W., Richardson, A. (1968). Interação da luz com a copa de uma planta. J. Opt. Soc. Am. 58:1023-1028.

Allen, W., Gausman, H., Richardson, A. e Thomas, J. (1969). Interação da luz isotrópica com uma folha de planta compacta. J. Opt. Soc. 59: 1376-1379.

Alt, D. Wiemann, F. (1990). Nitrogénio em culturas hortícolas e resíduos de culturas. Gemuse, 26, 352-356.

ANFFE. 2013/14. Consumo de fertilizantes na agricultura. http//www.anffe.com/

AOAC (1990). Métodos Oficiais de Análise. 15ª ed. Harwitte W. (Ed), pp. 127-129. Association of Official Analytical Chemists. Washington (EUA).

Balasubramanian, V., Morales, A.C., Cruz, R.T., Thiyagarajan, T.M., Nagarajan, R., Babu, M., Abdulrachman, S., Hai, L.H., (2000). Adaptação da tecnologia do clorofilómetro (SPAD) para a gestão do azoto em tempo real no arroz: uma visão geral. Int. Rice Res. Inst. 5, 25-26.

Baret, F., Houles, V., Guerif, M. (2007). Quantificação do stress das plantas utilizando observações de teledeteção e modelos de culturas: o caso da gestão do azoto. J. Exp. Botânica 58, 869-880.

Barker, D.W., Sawyer, J.E. (2010). Utilização de sensores activos de dossel para quantificar o stress de azoto e a taxa de aplicação de azoto no milho. Agron. J., 102, 964-971.

Barnes, E. M., Clarke, T. R., Richards, S. E., Colaizzi, P. D., Haberland, J., Kostrzewski, M., & Lascano, R. J. (2000). Deteção simultânea do stress hídrico, do estado do azoto e da densidade da copa das árvores utilizando dados multiespectrais terrestres. In Proceedings of the 5th International Conference on Precision Agriculture, Bloomington, MN (16-19).

Batchelor, W.D., Basso, B., Paz, J.O. (2002). Exemplos de estratégias para analisar a variabilidade espacial e temporal dos rendimentos utilizando modelos de colheita. Jornal Europeu de Agronomia, 18, 141-158.

Beverly, R.B. (1994). Testes de seiva do caule como guia em tempo real para a fertilização com azoto e potássio de plantas de tomate. Commun. Ciência do Solo. Plant Anal. 25, 1045-1056.

Bohmer, M., Wiebe, H., Wehrmann, J. (1981). Fertilização azotada na couve-flor. Gemuse 17, 44-47, citado em: Pannier, J., Hofman, G., Vanparys, L. (1996). Otimização de um sistema de aconselhamento sobre o azoto: valores-alvo em função das taxas de mineralização do azoto. Em Progress in Nitrogen Cycling Studies (pp. 353-358). Springer Netherlands.

Booij, R., Struik, P.C. (1990). Efeitos da temperatura na iniciação da folha e da coalhada em relação à juvenilidade da couve-flor. Scientia Horticulturae,44, 201-214.

Bremner, J.M. (1997). Sources of nitrous oxide in soils.   Ciclo
de nutrientes em
Agroecossistemas, 49, 7-16.

Breschini, S.J., Hartz, T.K. (2002). O teste de nitratos no solo antes da sementeira reduz a utilização de fertilizantes azotados e o risco de lixiviação de nitratos na produção de alface. HortScience 37(7), 1061-1064.

Brisson, N., Gary, C., Justes, E., Roche, D., Zimmer, D., Sierra, J., Bertuzzi, P., Burger, P., Bussiere, F., Cabidoche, Y. M., Cellier, P., Debaeke, P., Gaudillere, J.P., Henault, C., Maraux, F., Seguin, B., Sinoquet, H., (2003). Uma visão geral do modelo de cultura STICS. Eur. J. Agron, 18, 309-332.

Campillo, C., Garcia, M. I., Daza, C., Prieto, M. H. (2010). Estudo de um método não destrutivo para estimar o índice de área foliar de culturas hortícolas utilizando imagens digitais. HortScience, 45(10), 1459-1463.

Cannavo, P., Recous, S., Parnaudeau, V. Reau, R. (2008). Modelação da dinâmica do azoto para avaliar o impacto ambiental dos solos cultivados. Progrès en agronomie, 97, 131-174.

Cartelat, A., Cerovic, Z. G., Goulas, Y., Meyer, S., Lelarge, C., Prioul, J.-L., Barbottin, A., Jeuffroy, M.-H., Gate, P., Agati, G., Moya, I. (2005). Teores de polifenóis e clorofila nas folhas detectados opticamente como indicadores de deficiência de azoto no trigo (*Triticum aestivum* L.). Pesquisa de Culturas de Campo, 91, 35-49.

Casa, R., Castaldi, F., Pascucci, S., Pignatti, S. (2014). Estimativa da clorofila nas culturas: uma avaliação de medidores foliares portáteis e medições de reflectância espetral. J. Agric. Sci. 2014, 1-15.

Cao, Q., Miao, Y., Wang, H., Huang, S., Cheng, S., Khosla, R., Jiang, R. (2013). Estimativa não destrutiva do estado do nitrogênio das plantas de arroz usando um sensor multiespectral no dossel do círculo de cultura ativo. Pesquisa de Culturas de Campo, 151, 133-144.

CEE (1998). Regulamento (CE) nº 963/98. Normas de comercialização das couves-flores e alcachofras. Jornal Oficial da União Europeia nº 6 de 8 de maio de 1998.

Cerovic, Z. G., Masdoumier, G., Ben Ghozlen, N., Latouche, G. (2012). Um novo instrumento de medição ótica de clipe de folha para a avaliação simultânea e não destrutiva da clorofila foliar e flavonóides epidérmicos. Physiol Plant. 2012, 146, 251-260.

Cerovic, Z.G., Ben Ghozlen, N., Milhade, C., Obert, M., Debuisson, S., Le Moigne, M. (2015). Teste de diagnóstico não destrutivo para a nutrição nitrogenada em uvas (Vitis vinifera L.) com base em medições de clipes de folhas Dualex no campo. Jornal de Química Agrícola e Alimentar 63, 3669-3680.

Chishaki, N., Horiguchi, T. (1997). Respostas do metabolismo secundário das plantas às deficiências de nutrientes. Ciência do Solo e Nutrição de Plantas, 43, 987-991.

Clevers, J. G. P. W., De Jong, S. M., Epema, G. F., Van Der Meer, F. D., Bakker, W. H., Skidmore, A. K., Scholte, K. H. (2002). Derivação do índice de borda vermelha usando a configuração de banda padrão MERIS. International Journal of Remote Sensing, 23(16), 31693184.

Csizinszky, A.A. (1996). Tempo ótimo de plantação, distância de plantação e quantidades de azoto e potássio para maximizar o rendimento da couve-flor verde. HortScience, 31, 930-933.

Delgado, J., Follett, R.F., Shaffer, M.J. (2000). Simulação da dinâmica nitrato-nitrogénio para sistemas de cultivo com diferentes profundidades de enraizamento. Soil Sci. Soc. Am. J., 64, 1050-1054.

DiStefano, J.F., Gholz, H.L. (1986). Uma proposta de utilização de resinas de troca iónica para medir a mineralização do azoto e a nitrificação em núcleos de solo intactos. Comm. in Soil Sci. Plant Anal. 17, 989-998.

Doerge, T.A., Roth, R.L., Gardner, B.R. (1991). Gestão de fertilizantes azotados no Arizona. Univ. do Arizona, Faculdade de Agricultura, Rpt. 191025.

Doltra, J., Munoz, P. (2010). Simulação da lixiviação de azoto de uma rotação de culturas fertilizadas num clima mediterrânico utilizando os modelos EU-Rotate_N e Hydrus-2D. Gestion de l'eau en agriculture, 97, 277-285.

Doltra, J., Munoz, P., Anton, A., Arino, J. (2010). Dinâmica do azoto do solo e da planta numa cultura de tomate sob diferentes estratégias de fertilização. Ata Hort (ISHS), 852, 207-214.

Dubrulle, P., Machet, J. M., Damay, N. (2003). Azofert: uma nova ferramenta de apoio à decisão para recomendações de fertilização azotada. 12th Nitrogen Workshop, Exeter, Devon, Reino Unido.

Wageningen Academis Publishers. S. 500-501.

El-Shikha, D. M., Waller, P., Hunsaker, D., Clarke, T., Barnes, E. (2007). Deteção remota baseada no solo para avaliação do estado da água e do azoto nos brócolos. Agricultural Water Management, 92, 183-193.

Errebhi, M., Rosen, C.J., Birong, D.E. (1998). Calibração do teste de nitrato na seiva do pecíolo para batata 'Russet burbank' irrigada. Commun. Ciência do Solo. Plant Anal. 29, 23-35.

Estiarte, M., Fililla, I., Serra, J. Penuelas, J. (1994). Efeitos do stress hídrico e de nutrientes no teor de fenóis das folhas de pimento e na suscetibilidade ao herbívoro generalista *Heliocoverpa armigera* (Hubner). Oecologia, 99, 387-391.

Evans, J. R. (1989). Photosynthesis and nitrogen relationships in C3 plant leaves. Oecologia, 78(1), 9-19.

Everaarts, A.P. (1993). Aspectos gerais e quantitativos da utilização de fertilizantes azotados na cultura de Brassica. Ata Horticulturae, 339, 149-160.

Everaarts, A.P. (2000). Balanço do azoto durante o crescimento da couve-flor. Sci. Hort. 83, 173-186.

Everaarts, A.P., de Moel, C.P. (1991). Crescimento, desenvolvimento e rendimento da couve branca (*Brassica oleracea* var. *capitata*) em relação à época de plantação (em neerlandês). Verslag 132. PAGV, Lelystad. 50 páginas.

Everaarts, A.P., de Moel, C.P. Van Noordwijk, M. (1996). The effect of nitrogen and application method on nitrogen uptake by cauliflower and on nitrogen in crop residues and soil at harvest. Dutch Journal of Agronomy, 44, 43-55.

Feller, C., Fink, M. (2002). Valores-alvo de N-min para hortaliças de campo. Ata Horticulturae 571, 195-201.

Fink, M., Scharpf, H.C. (2000). Mineralização aparente do azoto e utilização do azoto em ensaios de campo de culturas hortícolas. Journal of Horticultural Science and Biotechnology, 75, 723-726.

Fisk, M.C., Schmidt S.K. (1995). Mineralização do azoto e dinâmica do azoto da biomassa microbiana em três comunidades de tundra alpina. Soil Sci. Soc. Am. J., 59, 10361043.

Fitzgerald, G.J., Rodriguez, D., Christensen, L.K., Belford, R., Sadras, V.O., Clarke, T.R. (2006). Deteção espectral e térmica do estado do azoto e da água em ambientes de trigo de sequeiro e irrigado. Précision Agricole, 7, 233-248.

Galambosova, J., Macak, M., Zivcak, M., Rataj, V., Slamka, P., & Olsovska, K. (2014). Comparação da reflectância espetral e da fluorescência induzida multiespectral para determinar o défice de azoto no trigo de inverno. Pesquisa de Materiais Avançados, 1059, 127133.

Garda, M.I., Prieto, M.H., Gonzalez, J.A., Monino, M. J. (2003). Produção, qualidade e estado nutricional de uma cultura de salada em diferentes sistemas de produção na planície do Guadiana. Actas de Horticultura (SECH), 39, 374-376.

Gardner, B.R., Roth, R.L. (1989). Midrib nitrate concentration as a means for determining nitrogen needs of broccoli. Journal of Plant Nutrition, 12, 111-125.

Gates, D., Keegan, H., Schleter, J., Weidner, V. (1965). Propriedades espectrais das plantas. Appl. Opt. 4: 11-20.

Gates, D. M. (1965). Propriedades espectrais das plantas. Ótica Aplicada. 4 : 11-20.

Gausman, H. (1974). Reflexão de folhas no infravermelho próximo. Fotograma. Eng. 40: 183-191.

Gausman, H., Allen, W. (1973). Parâmetros ópticos das folhas de 30 espécies de plantas. Plant Physiol. 52: 57-62.

Gausman, H., Allen, W., Cardenas, R. (1969). Reflectância das folhas de algodão e sua estrutura. Sensores Remotos. Ambiente. 1 : 19-22.

Gianquinto, G., Sambo, P., Pimpini, F. (2003). A utilização do medidor de clorofila SPAD 502 para a otimização dinâmica do fornecimento de azoto na cultura da batata: primeiros resultados. Ata Horticulturae, 607, 191-196.

Gianquinto, G., Goffart, J.P., Olivier, M., Guarda, G., Colauzzi, M., Dalla Costa, L. Delle Vedove, G., Vos, J., Mackerron, D.K.L. (2004). A utilização de medidores portáteis de clorofila como ferramenta para avaliar o estado do azoto e gerir a fertilização azotada das plantas de batata. Potato Res. 47, 35-80.

Gianquinto, G., Sambo, P., Borsato, D., (2006). Determinação dos limiares SPAD para otimizar o fornecimento de azoto ao tomate para transformação. Ata Horticulturae, 700, 159-166.

Giebel, A., Wendroth, O., Reuter, H.I., Kersebaum, K.C., Schwarz, J. (2006). Quão representativa é a amostragem de azoto mineral do solo? Journal of Plant Nutrition and Soil Sciences, 169, 52-59.

Gitelson, A., Merzlyak, M. N. (1994). Spectral reflectance changes associated with autumn senescence of leaves *of Aesculus hippocastanum* L. and *Acer platanoides* L. Spectral features and relation to chlorophyll estimation. Zeitschrift für Pflanzenphysiologie, 143(3), 286-292.

Governo de La Rioja (2015). Estad^stica Agraria Regional 2012. Consejena de Agricultura, Ganadena y Medio Ambiente 2013, 128 pag.

Godoy, L.C.G., Villas Boas, R.L., Bull, L.T. (2003). Utilizaçao da medida do clorofilometro no manejo da aduba^ao nitrogenada em plantas de pimentao. Revista Brasileira do Ciencia Solo, 27, 1049-1056.

Goffart, J.P., Renard, S., Frankinet, M., Sinnaeve, G., Delvigne, A., Marechal, J. (2006). Medição do teor de clorofila nas folhas para a gestão da fertilização azotada das endívias no campo. Ata Horticulturae, 700, 207-211.

Goffart, J.P., Olivier, M., Frankinet, M. (2008). Avaliação do estado do azoto das plantas de batata para melhorar a gestão e a eficácia da fertilização azotada: Passado-Presente-Futuro. Potato Research, 51, 355-383.

Goulas, Y., Cerovic, Z.G., Cartelat, A. Moya, I. (2004). Dualex: um novo instrumento para medições de campo da absorção epidérmica ultravioleta por fluorescência da clorofila. Applied Optics, 43, 4488-4496.

Greenwood, D.J. (2001). Modeling N-response of field vegetable crops grown under diverse conditions with N_ABLE: a review. Journal of Plant Nutrition, 24, 1799-1815.

Greenwood, D.J., Neeteson, J.J. Draycott, A. (1986). Quantitative relationships for the dependence of field crop growth rate on nitrogen content, dry weight and aerial environment. Plant & Soil, 91, 281-301.

Greenwood, D.J., Lemaire, G., Gosse, G., Cruz, P., Draycott, A., Neeteson, J.J. (1990). Diminuição da percentagem de N em plantas C3 e C4 com o aumento da massa da planta. Annals of Botany 67: 181-190.

Greenwood, D.J., Rahn, C., Draycott, A., Vaidyanathan, L.V. Paterson, C. (1996). Modelação e medição dos efeitos do fertilizante N e da incorporação de resíduos de culturas na dinâmica do azoto em culturas hortícolas. Soil Use and Management, 12, 13-24.

Hatch, D.J., Bhogal, A., Lowell, R.D., Shepherd, M.A. Jarvis, S.C. (2000). Comparação de diferentes métodos de medição no terreno da mineralização líquida de azoto em solos de pastagem em diferentes condições de solo. Biol. Fertil. Soils, 32, 287-293.

Hartz, T.K. (1994). Um método de teste rápido para o nitrato de azoto no solo. Commun. Soil Sci. Plant Anal. 25, 511-515.

Hartz, T.K. (2002a) The assessment of soil and plant nutrient status in the development of effective fertilisation recommendations. Ata Horticulturae 627, 231-240.

Hartz, T.K. (2002b). Effective management for cold season vegetables (Gestão eficaz de produtos hortícolas de estação fria). Vegetable Research and Information Center. Universidade da Califórnia. Davis.

Hartz, T. K. (2003). Avaliação do estado dos nutrientes do solo e da planta no desenvolvimento de recomendações de fertilização eficazes. Ata Horticulturae, 627, 231-240.

Hartz, T.K., Lestrange, M., May, D.M. (1993). Necessidades de nitrogênio para pimentões irrigados por gotejamento. HortScience, 28, 1097-1099.

Hartz, T.K., Bendixen, W.E., Wierdsma, L. (2000). O valor do teste de nitrato do solo presidido pela presidente como uma ferramenta de gestão de nitrogénio na produção de vegetais irrigados. HortScience, 35, 651-656.

Heckman, J.R., Hlubik, W.T., Prostak, D.J., Paterson, J.W. (1995). Teste de nitrato no solo antes da sementeira para o milho doce. HortScience, 30(5), 1033-1036.

Heckman, J.R. (2002). Testes de nitratos no solo durante a estação como guia para a gestão do azoto em culturas anuais. HortTechnology, 12, 706-710.

Himelrick, D.G., Dozier, Jr. W.A., Wood, C.W., Sharpe, R.R. (1993). Determinação do estado de azoto dos morangos utilizando o clorofilómetro SPAD. Advances in Strawberry Research, 12, 49-53.

Hochmuth, G.J. (1994). Intervalos de eficiência de nitrato de azoto e potássio para testes rápidos de sumo de folhas de vegetais. HortTechnology, 4, 218-222.

Hochmuth, G.J. (2003). Fertilização do pimentão na Flórida. Univ. Fla. Flórida. Sci. Dept. Circ. 1168. 10 pp. http://edis.ifas.ufl.edu

Hochmuth, G.J. (2009). Amostras de seiva vegetal para culturas hortícolas. Univ. Fla. Fla. Sci. Dept. Circ. 1144. http://edis.ifas.ufl.edu/cv004.

Hochmuth, G.J. (2015). Teste de seiva de caule de plantas para culturas vegetais. Univ. Fla. Hort. Sci. Dept. IFAS Extension CIR 1144.

Hoel, B.O., Solhaug, K.A. (1998). Efeito da irradiância na estimativa da clorofila com o medidor de clorofila foliar Minolta SPAD-502. Anais de Botânica 82, 389-392.

Hoffer, A.M., (1978). Biological and physical considerations in the application of computerized analysis techniques to remotely sensed data, in Remote Sensing: The Quantitative Approach, P.H. Swain and S.M. Davis (Eds), McGraw-Hili Book Company, 227-289.

Hoque, E., Remus, G. (1996). Propriedades de reflexão da luz das camadas de tecido em folhas de faia (*Fagus sylvatica* L.). Photochem. Photobiol. 63: 498-506.

Houles, V. (2004). Desenvolvimento de uma ferramenta para a modulação intraparcelar da fertilização azotada do trigo de inverno com base na deteção remota e num modelo de cultura. Saint-Mande (França). Universidade de Marne la Vallée. 142 pp.

Huett, D.O., White, E. (1992). Determinação das concentrações críticas de azoto da alface (*Lactuca sativa* L cv. Montello) cultivada em cultura de areia. Australian Journal of Experimental Agriculture, 32, 759-764.

IPCC (2007). Alterações climáticas (2007): The physical science basis. Contribuição do Grupo de Trabalho I para o Quarto Relatório de Avaliação do Painel Intergovernamental sobre as Alterações Climáticas. Solomon, S., D. Qin, M. Manning, Z. Chen, M. Marquis, K.B. Averyt, M. Tignor H.L. Miller (eds.). Cambridge University Press, Cambridge, UK e New York, NY, USA, 996 p. Disponível em: http://www.ipcc.ch/ipccreports/ar4- wg1.htm.

Jeuffroy, M.H., Recous, S. (1999). AZODYN : un modèle simple pour simuler le moment de la carence en azote comme aide à la décision pour la fertilisation du blé, Eur. J. Agron,. 10, 129144.

Jones, J.B., Case, V.W. (1990). Amostragem, manuseamento e análise de amostras de tecido vegetal. pp. 389 - 427. in: Westerman, R.L. (Ed.). Soil testing and plant analysis. Terceira edição. Soil Science Society of America BookSeries, Número 3. Madison, Wisconsin, EUA.

Jones, J.W., Hoogenboom, G., Porter, C.H., Boote, K.J., Batchelor, W.D., Hunt, L.A., Wilkens, P.W., Singh, W., Gijsman, A.J., Ritchie, J.T. (2003). O modelo de sistema de cultivo DSSAT. Eur. J. Agron. 18, 235-265.

Jongschaap, R.E.E. (2006). Calibração em tempo de execução de modelos de simulação através da integração de estimativas de deteção remota do índice de área foliar e do azoto da copa. Eur. J. Agron, 24, 316.

Justes, E., Mary, B., Meynard, J.M., Machet, J.M., Thelier-Huche, L. (1994). Determinação de uma curva crítica de diluição do azoto para as culturas de trigo de inverno. Ann. Bot. 74, 397-407.

Justes, E., Jeuffroy, M.H., Mary, B.,   (1997). Necessidades em azoto das principais Culturas agrícolas: trigo, cevada e trigo duro. Diagnosis of the nitrogen status of crop plants. Berlim Heidelberg: Springer-Verlag, (73-89).

Kage, H., Alt, C., Stutzel, H. (2002). Concentração de nitrogénio nos órgãos da couve-flor em função do tamanho do órgão, do fornecimento de N e do ambiente de radiação. Plant and Soil. 246, 201-209.

Keating, B.A., Carberry, P.S., Hammer, G.L., Probert, M.E. (2003). Uma visão geral do APSIM, um modelo para simulação de sistemas agrícolas. Eur. J. Agron. 18, 267-288.

Kersebaum, K.C., Hecker, J.M., Mirschel, W., Wegehenkel, M. (eds.) (2007). Modelling water and nutrient dynamics in soil-plant systems (Modelação da dinâmica da água e dos nutrientes em sistemas solo-planta). Springer, Países Baixos. 272 pp.

Kiraly, Z. (1964). Effect of nitrogen fertilization on phenolic metabolism and susceptibility of wheat to stem rust. Revue de phytopathologie, 51, 252-261.

Krusekopf, H.H., Mitchell, J.P., Hartz, T.K., May, D.M., Miyao, E.M., Cahn, M.D. (2002). O teste de nitrato no solo antes da sementeira identifica os campos de tomate para processamento que não necessitam de fertilizante N. HortScience, 37, 520-524.

Kubota, A., Thompson, T. L., Doerge, T.A., Godin, R.E. (1996). Um teste de nitrato de seiva de pecíolo para couve-flor. HortScience, 31, 934-937.

Kubota, A., Thompson, T. L., Doerge, T.A., Godin, R.E. (1997). Um teste de nitrato de seiva de pecíolo para brócolos. Journal of Plant Nutrition, 20, 669-682.

Kumar, L., Schmidt, K., Dury, S. e Skidmore, A. (2001). Imaging spectrometry and vegetation studies. Imaging spectrometry: basic principles and prospective applications. Springer, em alemão. Dordrecht, Países Baixos. S. 111-155.

Lee, D., Graham, R. (1986). Propriedades ópticas das folhas de plantas de sombra extrema e sol da floresta tropical. Am. J. Bot. 73: 1100-1108.

Lemaire, G., Salette, J. (1984). Relação entre a dinâmica de crescimento e a dinâmica de pré-alongamento num grupo de herbívoros em pastoreio. I.-Etude de l'effet du milieu. Agronomie 4: 423-430.

Lemaire, G., Gastal, F., Salette, J. (1989). Análise dos efeitos do fornecimento de azoto sobre o rendimento em matéria seca de uma pastagem tendo em conta o rendimento potencial e o teor ótimo de azoto. Actas do XVI Congresso Internacional de Pastagens, Nice, França (179-180).

Lemaire, G., F. Gastal (1997). Absorção e distribuição do azoto nas culturas de cobertura vegetal. Diagnóstico do estado do azoto das plantas cultivadas. Springer Berlin Heidelberg, 1997. 3-43.

Lemaire, G., Meynard, J. M. (1997). Utilisation de l'indice de nutrition azotée pour l'analyse de données agronomiques. In Diagnostic du statut azoté des plantes cultivées (p. 45-55). Springer Berlin Heidelberg.

Lemaire, G., Jeuffroy, M.H., Gastal, F. (2008). Ferramenta de diagnóstico do estado do azoto das plantas e das culturas na fase vegetativa. Teoria e prática para a gestão do azoto. Eur. J. Agron. 28, 614-624.

Lidon, A., Bautista, I., de la Iglesia, F., Oliver, J., Llorca, R., Cruz Romero, G. (2005). Mineralização do azoto num campo de alcachofra irrigado superficialmente em sulcos e sulcos. Ata Horticulturae, 700, 71-74.

Lisiewska, Z., Kmiecik, W. (1996). Efeitos da fertilização com azoto, condições de processamento e tempo de armazenamento de brócolos e couve-flor congelados na preservação da vitamina C. Chemie alimentaire, 57, 267-270.

Lopez-Granados, F., Jurado-Exposito, M., Atenciano, S., Garda-Ferrer, A., Sanchez de la Orden, M., Garda Torres, L. (2002). Variabilidade espacial dos parâmetros do solo agrícola no sul de Espanha. Planta e Solo, 246, 97-105.

Lorenz, H.P., Schlaghecken, J., Engl, G. (1989). Fornecimento regular de azoto em culturas hortícolas de acordo com o sistema "Kulturbegleitenden Nmin- Sollwerte (KNS) - System". Ministério da Agricultura, Viticultura e Silvicultura da Renânia. Citado em: Everaarts, A. P. (2000).

MacKerron, D.K.L., Young, M.W., Davies, H.V. (1995). Davies, H.V. (1995). A critical appraisal of the value of leaf sap analysis in optimising nitrogen supply to the potato crop. Plant and Soil, 172, 247-260.

Magdoff, F. (1991). Understanding the Magdoff pre-sidedress nitrate test for maize. Journal of Production Agriculture, 4, 297-305.

Magnifico, V., Lattanzio, V., Sarli, G. (1979). Crescimento e absorção de nutrientes pelos brócolos [utilização de fertilizantes, absorção]. Journal American Society for Horticultural Science.

MAGRAMA, (2015). Anuario de Estad^stica Agraria. http://www.magrama.gob.es/

Maroto, J.V. (2002). Horticultura herbácea especial. Ed. Mundi-Prensa, 5ª edicion, Madrid. pp. 702.

Martinez, D.E. Guiamet, J.J. (2004). Distorção dos valores medidos pelo clorofilómetro SPAD 502 por alterações da irradiância e do estado hídrico das folhas. Agronomie, 24, 41-46.

McClure, J. W. (1977). A fisiologia dos compostos fenólicos nas plantas. Em T. Swain, J.B. Harbourne C.F. Van Sumere, eds. Biochemistry of plant phenolics, Vol. 12, Plenum Press, New York, pp. 525-556.

Meisinger, J.J., Randall, G.W. (1991). Estimando o orçamento de nitrogênio para sistemas de solo-culturas. Em: R.F. Follet, D.R. Keeney e R.M. Cruse (eds.) Managing nitrogen for groundwater quality and farm profitability. SSSA Madison, WI. S. 85-124.

Miller, R.O. (1998). Extractable nitrate in plant tissues; ion selective electrode method. P. 85-88. Em Kalra, Y.P. (Ed). Handbook of reference methods for plant analysis. 287 pp. Conselho de Análise de Solos e Plantas, Inc. Philadelphia.

Mithchell, J., May, D.M., Hartz, T., Miyao, G., Cahn, M., Krusekopf, H.H. (2000). Estudos do solo para otimizar a gestão do azoto na batata de transformação. Dpt. Of Vegetable   Cropsand WeedScience.   WeedScience   .   UniversityofCalifornia .
Davis.
http://www.cdfa.ca.gov/is/frep/2000PROC2.doc. 13-01-2003.

Moll, R.H., Kamprath, E.J., Jackson, W.A. (1982). Análise e interpretação dos factores que contribuem para a eficiência da utilização do azoto. Agronomy J., 74, 562-564.

Neeteson, J. J. (1995). Nitrogen management for intensive crops and field vegetables. Em: P. Bacon (ed.) Nitrogen Fertilization and the Environment. Pp. 295-325. Marcel Dekker, Inc, Nova Iorque.

Olasolo, L. (2013). Adaptação, validação e aplicação do modelo EU-Rotate_N numa zona vulnerável à poluição por nitratos. Otimização da fertilização azotada (tese de doutoramento, Universidade de La Rioja).

Olsen, J.K., Lyons, D.J. (1994). O nitrato da seiva do pecíolo é melhor do que o azoto total nas folhas secas para indicar o estado do azoto e a sensibilidade do rendimento do *pimento* na Austrália subtropical. Aust. J. Experimental Agriculture, 34, 835-843.

Padilla, F. M., Teresa Pena-Fleitas, M., Gallardo, M., Thompson, R. B. (2014). Avaliação das medições do sensor ótico da refletância do dossel e dos teores de flavonol e clorofila da folha para avaliar o estado de nitrogênio das culturas de melão. Eur. J. Agron, 58, 39-52.

Pena, M.T., Thompson, R.B., MarUnez-Gaitan, C., Gallardo, M. Gimenez, C. (2012). Sistemas ópticos para monitorar o status de nitrogênio de melões. Actos de Horticultura (SECH), 60, 820-824.

Peterson, T.A., Blackmer, T.M., Francis, D.D., Scheppers, J.S., (1993). Utilização de um medidor de clorofila para melhorar a gestão do azoto. Um Webguide em Gestão de Recursos do Solo: D-13 Fertility. Extensão Cooperativa, Instituto de Agricultura e Recursos Naturais, Universidade de Nebraska, Lincoln, NE, EUA.

Plenet, D. (1995). O funcionamento das culturas de massas sob um dossel. Determinação e aplicação de um índice nutricional. Nancy: Thèse de Docteur de l'Institut National Polytechnique de Lorraine.

Prasad, M. Spiers, T.M. (1984). Avaliação de um método rápido de análise de nitratos em sumos de plantas. Soil Sci. Plant Anal. 15, 673-679.

Prasad, M. Spiers, T.M. (1985). Um teste rápido de suco de nitrato para tomates de campo. Scientia Horticulturae, 25, 211-215.

Prevot, L., Chauki, H., Troufleau, D., Weiss, M., Baret, F. (2003). Assimilação de dados ópticos e de radar no modelo STICS para as culturas de trigo. Agronomie, 23, 297-303.

Pritchard, K.H., Doerge, T.A., Thompson, T.L. (1995). Avaliação de testes de nitrogênio no tecido durante a estação para folhas de alface e alface romana irrigadas por gotejamento. Commun. Ciência do Solo. Plant Anal. 26, 237-257.

Rahn, C.R., Vaidyanathan, L.V., Paterson, C.D. (1992). Resíduos de azoto das culturas de Brassica. Aspect App. Bio, 30, 263-270.

Rahn, C.R., Paterson, C.D., Vaidyanathan, L.V.V. (1998). O uso de medições de nitrogênio mineral do solo para entender a resposta da planta ao nitrogênio do fertilizante em rotações intensivas. J. Agr. Sci. 130, 345-356.

Rahn, C., Zhang, K., Lillywhite, R., Ramos, C., Doltra, J., de Paz, J.M., Riley, H., Fink, M., Nendel,

C., Thorup-Kristensen, K., Pedersen, A., Piro, F., Venezia, A., Firth, C., Schmutz, U., Rayns, F., Strohmeyer, K. (2010 a). O desenvolvimento do modelo EU-Rotate N e a sua utilização para testar estratégias de utilização do azoto na Europa. Ata Hort (ISHS), 852, 73-76.

Rahn, C.R., Zhang, K., Lillywhite, R., Ramos, C., Doltra, J., de Paz, J.M., Riley, H., Fink, M., Nendel, C., Thorup Kristensen, K. Pedersen, A., Piro, F., Venezia, A., Firth, C., Schmutz, U., Rayns, F., Strohmeyer, K. (2010 b). EU-Rotate_N - um sistema europeu de apoio à decisão - para prever as consequências ecológicas e económicas da gestão dos fertilizantes azotados nas rotações de culturas. Europ. J. Hort. Sci. 75, 2032.

Ramos, C. (2005). Análise mineral do azoto do solo como guia para a fertilização azotada de culturas hortícolas. Actas de Horticultura 44, 95-102.

Ramos, C., Agut, A., Lidon, A. L. (2002). Lixiviação de nitratos nas principais culturas da região de Valência (Espanha). Environ. Pollut, 118, 215-223.

Ramos, C., Ubeda, S. (2009). Fertilização azotada das culturas hortícolas no âmbito dos programas de ação para a redução da contaminação por nitratos nas diferentes Comunidades Autónomas. Actas de Horticultura (SECH), 56, 87-92.

Rather, K., Schenk, M.K., Everaarts, A.P., Vethman, S. (1999). Resposta do rendimento e da qualidade das variedades de couve-flor (*Brassica oleracea* var. *botrytis)* à aplicação de azoto. Journal of Horticultural Science and Biotechnology, 74, 658-664.

Rather, K., Manfred, K., Schenk, M.K., Everaarts, A.P., Vethman, S. (2000). Padrões de enraizamento e absorção de azoto de três híbridos F1 de couve-flor (*Brassica oleracea* var. *botrytis*). Journal of Plant Nutrition and Soil Science, 163, 467-474.

Riley, H., Vagen, I. (2003). Concentração crítica de azoto nos brócolos e na couve-flor avaliada em ensaios de campo com diferentes quantidades e momentos de fertilização. Ata Horticulturae, 627, 241-249.

Rincon, L., Saez, J., Perez, J. A., Gomez, M. D., Pellicer, C. (1999). Crescimento e absorção de nutrientes pelos brócolos. Agr. Agr: Prod. Prot. Veg,14, 225-236.

Rincon, L., Pellicer, C., Saez, J., Abad^a, A., Perez, A., Mann, C. (2001). Crescimento vegetativo e absorção de nutrientes da couve-flor. Invest. Agr. Prod. Prot. Veg. 16, 119-130.

Roberts, D.F., Kitchen, N.R., Sudduth, K.A., Drummond, S.T., Scharf, P.C. (2010). Impacto económico e ambiental da gestão do azoto baseada em sensores. Better Crops, 94, 4-6.

Rodrigo, M.C. (2006). Análise rápida de nitratos na seiva como ferramenta para melhorar a fertilização azotada da alcachofra e do romanesco. Tese de doutoramento. Universidade Politécnica de Valência.

Rodrigo, M.C., Ramos, C. (2007a). Medição da clorofila como ferramenta de gestão da fertilização azotada em culturas hortícolas. Actas de Horticultura (SECH), 49, 229-234.

Rodrigo, M.C., Ramos, C. (2007b). Análise do suco de nitrato como ferramenta para avaliação da nutrição nitrogenada em alcachofras. VI Simpósio Internacional de Alcachofra, Cardo e seus Primos Silvestres. Lorca (Murcia) 28-31 de março de 2006. Ata Horticulturae, 730, 251-256.

Rodrigo, M.C., Ramos, C. (2007c). Análise da seiva e medição da clorofila foliar para a gestão do azoto em alcachofra e romanesco. 15° Workshop de Azoto: Para uma melhor eficiência na utilização do azoto - Lleida (Espanha). A. D. Bosch, M.R. Teira & J.M. Villar (eds.), Editorial Milenio, Lleida (Espanha), pp. 57-59.

Rodrigo, M.C., Vano, T., Ramos, C. (2005). Testes rápidos de seiva para avaliação do estado de azoto em plantas de romanesco (Brassica oleracea var botrytis L.). In: Proc. 14th N-Workshop on "N management in agrosystems in relation to the Water Framework Directive. 24-26 de outubro, Maastricht, J.J. Schroder & J.J. Neeteson (eds). Plant Res. intl. report 116, 272-275.

Ros, G.H., Temminghoff, E.J.M., Hoffland, E. (2011). Mineralização do azoto: uma revisão e meta-análise do valor preditivo dos testes de solo. European J. Soil Sci, 62, 162173.

Roujean, J. L., & Breon, F. M. (1995). Estimativa da PAR absorvida pela vegetação a partir de medições de reflectância bidireccionais. Remote Sensing of Environment, 51(3), 375384.

Rouse, Jr. J.W., Haas, R.H., Deering, D.W., Schell, J.A., Harlan, J.C. (1973). Observação da progressão e regressão primaveris (efeito de onda verde) da vegetação natural. Prog. Rep. RSC 1978-1, Centro de Sensoriamento Remoto, Texas AandM Univ., College Station, 93 pp.

Samborski, S. M., Tremblay, N., Fallon, E. (2009). Estratégias para a utilização de informação de diagnóstico baseada em sensores de plantas para recomendações de azoto. Agron. J., 101, 800-816.

Sanchez, C. (1999). Ferramentas de diagnóstico para uma gestão eficaz do azoto em produtos hortícolas cultivados no deserto baixo. Universidade do Arizona.

Sanchez, C.A. (1998). Ferramentas de diagnóstico para uma gestão eficaz do azoto em culturas hortícolas em ambientes desérticos. Ann. Relatório, Departamento de Alimentação e Agricultura da Califórnia, Programa de Investigação e Educação sobre Fertilizantes, Sacramento.

Scaife, M.A., Stevens, K.L. (1983). Monitorização do nitrato de seiva em culturas hortícolas: comparação de tiras de teste com métodos de eléctrodos e efeitos da hora do dia e da posição das folhas. Communications in Soil Science and Plant Analysis 14, 761-771.

Scharf, P.C., Lory, J.A. (2009). Calibração de medições de reflectância para prever a taxa de azoto lateral ideal para o milho. Agron. J., 101, 615-625.

Scharpf, H.C. (1991). Stickstoffdung im Gemusebau, livro AID n.º 1223, Bona-Bad Godesberg. Citado em Feller e Fink (2002).

Scharpf, H.C., Weier, U. (1996). Estudos sobre a dinâmica do azoto como base para recomendar a fertilização com azoto em culturas hortícolas. Ata Horticulturae 428, 7383.

Schepers, J.S., Francis, D.D., Vigil, M.F., Below, F.E. (1992). Comparação da concentração de azoto nas folhas de milho e medições de clorofila. Commun. Ciência do Solo. Plant. Anal. 23, 2173-2187.

Schroder, J. J., Neeteson, J. J., Oenema, O. Struik, P. C. (2000). A planta ou o solo indicam como o azoto pode ser poupado na cultura do milho. A review of the state of the art. Field Crop Research, 66, 151-164.

Sepulveda, J., Garros, V. Ramos, C. (2003). Análise rápida de nitratos no solo e na água. Agricola Vergel, maio de 2003, 273-278.

Shaffer M.J, Halvorson A.D., Pierce F.J. (1991). Nitrate Leaching and Economic Analysis Package (NLEAP): Model Description and Application. In: Managing Nitrogen for Groundwater Quality and Farm Profitability. R.F. Follett, D.R. Keeney, e R.M. Cruse (eds.). Soil Sci. Madison, Wisconsin, EUA. 285-322.

Shaffer, M.J., Delgado, J.A., Gross, C.M., Follett, R.F., Gagliard, P. (2010). Processo de simulação para o pacote de perda de azoto e avaliação ambiental. Avanços na Gestão do Azoto para a Qualidade da Água. Delgado, J.A., R.F. Follett, eds, Ankeny, IA: Soil and Water Conservation Society.

Shaver, T. M., Westfall, D. G., Khosla, R. (2007). Deteção remota do estado do N do milho utilizando sensores activos. Conferência Ocidental sobre Gestão de Nutrientes. 2007. Vol. 7. Salt Lake City, UT. EUA.

Skoog, D. A., Holler, F. J., Crouch, S. R. (2007) Instrumental analysis (pp. 477-8). Cengage Learning India.

Smeal, D., Zhang, H., (1994). Avaliação de medidores de clorofila para a gestão do azoto no milho. Commun. Ciência do Solo. Plant Anal. 25, 1495-1503.

Soil Survey Staff (2006). Keys to Soil Taxonomy (Chaves para a taxonomia do solo). 10ª edição. Departamento de Agricultura dos EUA. Serviço de Conservação de Recursos Naturais. 332 pp.

Sripada, R. P., Heiniger, R. W., White, J. G., Meijer, A. D. (2006). Fotografia aérea de infravermelhos a cores para determinar as necessidades de azoto do milho no início da época. Agronomy Journal, 98, 968-977. doi : 10.2134/agronj2005.0200.

Stehfest, E., Bouwman, L. (2006). N2O and NO emissions from agricultural fields and soils under natural vegetation: summary of available measurement data and modelling of global annual emissions.

Nutrient Cycling in Agroecosystems, 74, 207-228.

Studstill, D.W., Simonne, E.H., Hutchinson, C.M., Hochmuth, R.C., Dukes, M.D., Davis, W.E. (2003). Procedimentos de amostragem do teste da seiva do pecíolo para monitorizar o estado nutricional da abóbora. Comm. Soil Sci. Plant Anal. 34, 2355-2362.

Thompson, R.B., Gallardo, M., Joya, M., Segovia, C., Martinez-Gaitan, C., Granados, M.R. (2009). Avaliação de sistemas de análise rápida para a análise de nitratos na exploração agrícola em culturas hortícolas. Revista Espanhola de Investigação Agrária, 7, 200-211.

Tremblay, N. (2013). Tecnologias de deteção em horticultura: opções e desafios. Chron. Hortic., 53, 10-14.

Tremblay, N., Wang, Z., Cerovic, Z. G. (2012). Medição do estado do nitrogênio da planta usando indicadores fluorescentes. Uma revisão. Agron. Sustainable Dev. 32, 451-464.

Tremblay, N., Scharpf, H.C., Weier, U., Laurence, H., Owen, J. (2001). Gestão do azoto em produtos hortícolas cultivados no campo: um guia para uma fertilização eficaz. Agriculture and AgriFood Canada. 65 pp.

Tremblay, N., Dextraze, L., Roy, G., Belec, C., Charbonneau, F. (2002). Teste rápido de azoto para utilização em culturas de feijão e milho no Quebeque (Canadá). Ata Horticulturae, 506, 141-146.

Tucker, C.J., (1979). Combinações lineares de infravermelho vermelho e fotografia para monitorização da vegetação. Remote Sens. Environ. 8, 127-150

Ulrich, A. (1952). Physiological bases for estimating plant nutrient requirements. Ann. Rev. Plant Physiol. 3, 207-228.

Van Den Boogaard, R., Thorup-Kristensen, K. (1997). Efeitos da fertilização com azoto no crescimento e na depleção de azoto do solo na couve-flor. Ata Agriculturae Scandinavica B, Ciências das Plantas e do Solo, 47, 149-155.

Van der Burgt, G.J.H.M., Oomen, G.J.M., Habets, A.S.J. Rossing, W.A.H. (2006). O modelo NDICEA, uma ferramenta para melhorar a utilização do azoto nos sistemas de cultivo. Nutrient Cycling in Agroecosystems, 74, 275-294.

Van Groenigen, J.W., Velthof, G.L., Oenema, O., Van Groenigen, K.J., Van Kessel, C. (2010). Para uma avaliação agronómica das emissões de N2O: um estudo de caso para as culturas arvenses. European J. Soil Sci, 61, 903-913.

Vazquez, N., Pardo, A., Suso M.L., Quemada, M. (2006). Drenagem e lixiviação de nitratos no cultivo de tomate com irrigação por gotejamento e cobertura plástica. Agricultura, Ecossistemas e Meio Ambiente, 112, 313-323.

Vazquez, N., Pardo, A., Suso, M.L. (2010). Efeito da cobertura plástica e da quantidade de fertilizante nitrogenado na produção e absorção de nitrogênio da couve-flor irrigada por gotejamento. Ata Horticulturae, 852, 325-332.

Villeneuve, S., Coulombe, J., Belec, C., Tremblay, N. (2002). Comparação entre o teste do suco de nitrato e o clorofilómetro para o diagnóstico do estado de azoto dos brócolos (*Brassica oleracea* L. spp *Italica*). Ata Horticulturae, 571, 171-177.

Willstatter, R., Stoll, A. (1918). Investigação sobre a assimilação do ácido carbónico. Editora Julius Springer. Berlim, Alemanha. Citado por Hoque e Remus (1996).

Wehrmann, J., Scharpf, H.C. (1986). O método Nmin como ferramenta para integrar os diferentes objectivos da fertilização azotada. Production végétale. Bodenk 149, 428-440.

Wendlandt, W., Hecht, H. (1966). Espectroscopia de reflexão. Interscience Publishers. Nova Iorque. .

Westcott, M. P., Wraith, J. M. (1995). Correlação entre as leituras de clorofila nas folhas e as concentrações de nitrato no caule da hortelã-pimenta. Soil Sci. Plant Anal. 26, 1481-1490.

Westerveld, S. M., McKeown,   A. W., Scott-Dupree, C. D., McDonald, M. R. (2003). Como   funcionam as concentrações críticas de azoto para as couves, cenouras   e cebolas? Colheita". Hortscience, 38, 1122-1128.

Westerveld, S. M., McKeown,   A. W., Scott-Dupree, C. D., McDonald, M. R. (2004). Avaliação de medidores de clorofila e de nitratos como testes de azoto em tecidos de campo para couves, cebolas e cenouras. HortTechnology, 14, 179-188.

Wiebe, H.J. (1975). Desenvolvimento morfológico de variedades de couve-flor e brócolos em função da temperatura. Scientia Horticulturae, 3, 95-101.

Woolley, J. (1971). Reflexão e transmissão da luz através das folhas. Plant Physiol. 47: 656-662.

Wurr, D.C.E., Akehurst, J.M., Thomas, T.H. (1981). Uma hipótese para explicar a relação entre o tratamento a baixa temperatura, a atividade das giberelinas, o início da coalhada e a maturidade da couve-flor. Scientia Horticulturae, 15, 321-330.

Youden, W.J. (1950). Índice para a avaliação de testes de diagnóstico. Cancro 3, 32-35.

Zhang, K., Greenwood, D.J., Spracklen, W.P., Rahn, C.R., Hammond, J.P., White, P.J., Burns I.G. (2010). Um modelo agro-hidrológico universal para os ciclos da água e do azoto no sistema solo-planta SMCR_N: atualização crítica e validação adicional. Agric. Water Manage, 97, 1411-1422.

Zhang, Y., Tremblay, N., Zhu, J. (2012). Uma comparação inicial do Multiplex® para a avaliação do estado do azoto no milho. Journal of Food, Agriculture and Environment, 10, 1008-1016.

Apêndices

1° resultado da variedade Barcelona, 2012.

Produção (kg/ha)			Pellas	Folhas	Total	
	T1		11.984a	31.903a	43.887a	
	T2		22.142b	46.697b	68.839b	
	T3		23.806b	47.188b	70.994b	
	T4		22.259b	44.954b	67.213b	
			***	***	***	
Total (%)			10-9	1-10	15-10	22-10
	T1		5,11	3,92a	2,29a	2,54a
	T2		5,50	4,65b	3,75b	3,40b
	T3		5,50	4,78b	3,87b	4,02c
	T4		5,66	4,80b	3,75b	4,15c
			ns	***	***	***
N-NO3 seiva (ppm)			10-9	1-10	11-10	24-10
	T1		2.615a	690a	13a	6a
	T2		2.145b	2.345b	1.260b	85a
	T3		2.335ab	2.535b	1.660c	695b
	T4		2.275ab	2.515b	2.260d	2.225c
			*	***	***	***
SPAD			10-09	1-10	10-10	23-10
	T1		63,3	58,7	57,4	53,8a
	T2		63,0	56,6	62,6	61,0b
	T3		60,5	60,1	59,3	60,0b
	T4		62,5	59,7	59,7	61,5b
			ns	ns	ns	**
DUALEX (Chl)	T1		10-09	4-10	10-10	23-10
	T2		46,55	43,91a	40,71a	44,74a
	T3		47,64	48,73b	47,21b	51,17b
	T4		46,47	49,63b	47,71b	52,42b
			48,34	51,33b	48,05b	53,53b
			ns	**	***	***
DUALEX (NBI)			10-09	4-10	10-10	23-10
	T1		38,14	27,74a	25,36a	27,15a
	T2		37,80	36,59b	33,59b	36,64b
	T3		39,17	36,97b	34,38b	37,52b
	T4		40,00	40,95b	34,91b	39,02b
			ns	**	***	***

MULTIPLEX (SFR)			10-09	4-10	10-10	23-10
	T1		5,93ab	5,53a	5,15a	5,17a
	T2		5,78a	5,63a	5.36ab	5,54b
	T3		5,91ab	5,74a	5.54bc	5,65b
	T4		6,00b	6,16b	5,69c	5,63b
			**	**	***	***
MULTIPLEX (NBI)			10-09	4-10	10-10	23-10
	T1		1,89ab	1,06a	0,98a	0,86a
	T2		1,81a	1.60bc	1,75b	1,66b
	T3		2,08b	1,48b	1,91b	1,77b
	T4		2.01ab	1,79c	2,01b	1,86b
			**	**	***	***
Círculo de cultura				1-10		24-10
	T1			0,329a		0,243a
	T2			0,352b		0,282b
	T3			0,353b		0,312c
	T4			0,350b		0,310c
				***		***
Círculo de culturas				1-10		24-10
	T1			0,768a		0,64a
	T2			0,788b		0,68b
	T3			0,789b		0,71b
	T4			0,772b		0,72b
				***		***

Resultados para a variedade Barcelona, 2013.

Produção (kg/ha)			Pellas	Folhas	Total	
	T1		8.084a	19.105a	27.189a	
	T2		13.316b	27.114ab	40.430b	
	T3		17.116bc	31.422bc	48.538bc	
	T4		20.748c	36.935c	57.683c	
			***	***	***	
Total (%)			26-8	16-9	30-9	21-10
	T1		4,58	3,97a	4,37a	2,64a
	T2		4,34	4,42ab	4,59ab	3,57b
	T3		4,58	4,77b	5,14b	4.20bc
	T4		4,52	5,08b	4,98b	4,72c
			ns	**	**	***
N-NO3 seiva (ppm)			28-8	18-9	1-10	21-10
	T1		1.210	483a	228a	2a
	T2		1.231	583ab	798b	16a
	T3		1.287	682b	1.113b	224b
	T4		1.289	659b	1.034b	549c

				ns	***	***	***
SPAD		28-8	4-9	18-9	30-9	21-10
	T1	56,0	61,5	55,1	59,6a	55,3a
	T2	56,4	62,0	55,8	61.0ab	54,8a
	T3	56,6	64,1	54,3	62.6ab	62,0b
	T4	55,6	63,7	55,7	63,8b	64,8b
		ns	ns	ns	*	***
DUALEX (Chl)		28-8	4-9	18-9	30-9	21-10
	T1	40,82	43,39a	39,13	46,68a	40,70a
	T2	40,16	42,37a	38,72	47,88a	44,62a
	T3	41,60	43,77a	38,68	49,98b	48,62b
	T4	40,22	46,16b	41,66	51,67b	53,01c
		ns	***	ns	***	***
DUALEX (NBI)		28-8	4-9	18-9	30-9	21-10
	T1	28,22a	30,41a	26,43a	33,82a	23,62a
	T2	29,12a	30,54a	26,86a	38.68bc	27,07a
	T3	31.04ab	30,64ab	26,47a	42.66bc	31,39b
	T4	29,52b	32,85b	30,08b	44,11c	36,71c
		***	**	**	***	***

MULTIPLEX (SFR)		28-8	4-9	18-9	30-9	21-10
	T1	4.10ab	4,34	4.45ab	4,38a	4,10a
	T2	3,97a	4,31	4,71a	4,53ab	4.23ab
	T3	4.30ab	4,42	4,44ab	4,49a	4,35b
	T4	4,35b	4,37	4,39b	4,65b	4,46b
		*	ns	*	**	**
MULTIPLEX (NBI)		28-8	4-9	18-9	30-9	21-10
	T1	0.98a	1,15a	1,27	1,33a	0,81a
	T2	1.17ab	1,31b	1,45	1,92b	1,02ab
	T3	1,25b	1,29 b	1,41	2,09b	1,31b
	T4	1,31b	1,22a	1,44	2,06b	1,73c
		**	**	ns	***	***
Círculo de cultura		30-8		18-9	30-9	
	T1	0,089b		0,181a	0,271a	
	T2	0,102c		0,205b	0,301b	
	T3	0,059[a]		0,214c	0,339c	
	T4	0,109d		0,245d	0,349d	
		***		***	***	
Círculo de culturas		30-8		18-9	30-9	
	T1	0,214b		0,447a	0,639a	
	T2	0,255c		0,502b	0,686b	
	T3	0,147a		0,513c	0,758c	

	T4	0,260d		0,582d	0,768d	
		***		***	***	

Resultados para a variedade Barcelona, 2014.

Produção (kg/ha)			Pellas	Folhas	Total	
	T1		7.328a	24.201a	31.529a	
	T2		11.068ab	30.553b	41.621ab	
	T3		14.517bc	34.952bc	49.470bc	
	T4		17.318c	38.965c	56.283c	
			***	***	***	
Total (%)			10-9	26-9	15-10	3-11
	T1		4,96	3,27a	2,84a	2,27a
	T2		5,18	3,94b	3,91b	2,59a
	T3		5,13	4,32b	4.12bc	3,41b
	T4		4,94	4,11b	4,70c	3,46b
			ns	***	***	***
N-NO3 seiva (ppm)			10-9	29-9	17-10	
	T1		1.402	181a	4a	
	T2		1.436	499b	145ab	
	T3		1.375	686b	307b	
	T4		1.465	727b	813c	
			ns	***	***	
SPAD			10-9	29-9	17-10	
	T1		57,4	57,2	54,8a	
	T2		55,5	57,3	57,9b	
	T3		56,3	55,6	59.0bc	
	T4		57,2	55,4	62,5c	
			ns	ns	***	
DUALEX (Chl)			10-9	29-9	17-10	
	T1		45,38	44,09	39,44a	
	T2		44,65	44,01	43,11b	
	T3		45,18	42,11	45,13c	
	T4		44,43	43,44	48,19d	
			ns	ns	***	
DUALEX (NBI)			10-9	29-9	17-10	
	T1		34,73	28,35	24,42a	
	T2		34,84	28,50	28,63b	
	T3		34,79	28,24	32,17c	
	T4		34,90	29,75	36,60d	
			ns	ns	***	
MULTIPLEX (SFR)			10-9	29-9	17-10	
	T1		4,91	4,62ab	4,46a	

	T2			4,93	4,75b	4,71b	
	T3			4,98	4,61a	4,79b	
	T4			5,02	4,92c	4,87b	
				ns	***	***	
MULTIPLEX (NBI)				10-9	29-9	17-10	
	T1			1,47a	0,92a	0,90a	
	T2			1,57ab	1,10b	1,17b	
	T3			1,49ab	1.29bc	1,46c	
	T4			1,65b	1,34c	1,78c	
				*	***	***	
Círculo de cultura				10-9	29-9	14-10	
	T1			0,051c	0,198a	0,186a	
	T2			0,045b	0,223b	0,218b	
	T3			0,043a	0,241c	0,251c	
	T4			0,047b	0,243c	0,260d	
				***	***	***	
Círculo de culturas				10-9	29-9	14-10	
	T1			0,149c	0,551a	0,593a	
	T2			0,142b	0,585b	0,635b	
	T3			0,138a	0,618c	0,687c	
	T4			0,144b	0,606c	0,673d	
				***	***	***	

Resultados para a variedade típica, 2013.

Produção (kg/ha)				Pellas	Folhas	Total	
	T1			10.035a	32.066a	42.101a	
	T2			14.113ab	37.135ab	51.248a	
	T3			18.910bc	45.635ab	64.545a	
	T4			22.392c	50.811b	73.203b	
				**	**	**	
Total (%)				26-8	16-9	7-10	21-11
	T1			4,47	4,44	3,61a	2,24
	T2			4,65	4,44	4,06ab	2,20
	T3			4,53	4,69	4,56b	2,67
	T4			4,75	4,65	4,60b	3,05
				ns	ns	*	ns
$N-NO_3^-$ seiva (ppm)				29-8	19-9	8-10	4-11
	T1			1.265	413a	57a	2a
	T2			1.350	555b	368a	3a
	T3			1.389	601b	831b	67a
	T4			1.380	840b	962b	230b
				ns	***	***	***
SPAD				29-8	19-9	7-10	6-11

	T1		56,4a	55,9	59,7	58,2a
	T2		59.3ab	57,3	62,2	62,9b
	T3		58.6ab	55,9	61,8	63,4b
	T4		60,9b	57,7	62,8	64,8b
			*	ns	ns	***
DUALEX(Chl)			29-8	19-9	7-10	6-11
	T1		45,81a	47,17a	44,53a	44,09a
	T2		48,22a	50,02b	47,06ab	45,62a
	T3		48,97a	48,54a	48.31bc	48.61bc
	T4		51,23b	52,20b	49,18c	50,18c
			***	***	***	***
DUALEX (NBI)			29-8	19-9	7-10	6-11
	T1		34,37a	33,62	28,29a	26,28a
	T2		35,37a	35,27	32,54b	28,55a
	T3		35,84a	34,82	36,02c	33,54b
	T4		37,80b	37,37	38,32d	38,40c
			**	ns	***	***

MULTIPLEX (SFR)			29-8	19-9	7-10	6-11
	T1		4,49	4,70a	4,39a	4,04a
	T2		4,77	4,80ab	4,67ab	4,14a
	T3		4,41	4,78ab	4.78bc	4,53a
	T4		4,53	4,87b	4,83c	4,57b
			ns	*	***	***
MULTIPLEX (NBI)			29-8	19-9	7-10	6-11
	T1		1,23	1,20a	0,97a	0,90a
	T2		1,28	1,28a	1,40b	0,93a
	T3		1,25	1,35ab	1,53b	1,74b
	T4		1,23	1,40b	1,78c	1,94b
			ns	*	***	***
Círculo de cultura			29-8	19-9	7-10	6-11
	T1		0,031a	0,160b	0,312a	0,246a
	T2		0,030a	0,158b	0,334b	0,273b
	T3		0,031a	0,127a	0,347c	0,320c
	T4		0,035b	0,152b	0,355d	0,339d
			***	***	***	***
Círculo de culturas			29-8	19-9	7-10	6-11
	T1		0,099a	0,371b	0,732a	0,696a
	T2		0,100a	0,364b	0,757b	0,721b
	T3		0,094a	0,294a	0,769c	0,759c
	T4		0,104b	0,337b	0,773d	0,766d
			***	***	***	***

Resultados para a variedade típica, ano 2014.

Total (%)				1-9	15-9	1-10	23-10
	T1			4,55	2,99a	1,67a	1,97a
	T2			4,25	3,84b	2,57b	2,65a
	T3			4,21	3,92b	3.37bc	3,57b
	T4			4,58	3,97b	3,76c	3,85b
				ns	*	***	***
N-NO3 seiva (ppm)				1-9	16-9	1-10	23-10
	T1			1.556	497a	8a	1
	T2			1.522	858b	138a	2
	T3			1.533	1.183c	483b	12
	T4			1.576	1.298c	729b	75
				ns	***	***	ns
SPAD				1-9	16-9	1-10	23-10
	T1			54,5	56,6a	56,1a	57,1a
	T2			55,5	57,7a	55,5a	61.0ab
	T3			56,1	60.9ab	58.2ab	62,8b
	T4			55,7	62,6b	60,5b	64,9b
				ns	**	**	***
DUALEX (Chl)				1-9	16-9	1-10	23-10
				45,48a	45,14a	40,47a	42,36a
				47.22ab	47,92b	42.16ab	48,35b
				47.67bc	49.48bc	44,50b	52,09c
				49,23c	52,17c	48,54c	53,34c
				***	***	***	***
DUALEX (NBI)				1-9	16-9	1-10	23-10
	T1			33,44a	29,41a	22,47a	22,67a
	T2			33,64a	34,32b	26,46b	28,00b
	T3			35,68ab	38,50b	31,94c	32,97c
	T4			37,28b	43,61c	35,32d	34,56c
				***	***	***	***
MULTIPLEX (SFR)				1-9	16-9	1-10	23-10
	T1			5,37	5,10a	4,52a	4,15a
	T2			5,45	5,33b	4,95b	4,46b
	T3			5,30	5.37bc	5,04b	4,73c
	T4			5,13	5,53c	5,43c	5,00d
				ns	***	***	***

MULTIPLEX (NBI)				1-9	16-9	1-10	23-10
	T1			1,48b	1,04a	0,60a	0,41a
	T2			1,39b	1,43b	1,10b	0,94b
	T3			1,49b	1,60b	1,64c	1,51c
	T4			0,94a	1,90c	1,83c	1,48c
				***	***	***	***

Círculo de cultura		3-9	16-9	1-10	14-10	23-10
	T1	0,034a	0,154a	0,207a	0,197a	0,156a
	T2	0,049c	0,207b	0,284b	0,262b	0,211b
	T3	0,047c	0,231c	0,342c	0,314c	0,267c
	T4	0,029b	0,209b	0,342c	0,331d	0,273d
		***	***	***	***	***
Círculo de culturas		3-9	16-9	1-10	14-10	23-10
	T1	0,118a	0,417a	0,569a	0,608a	0,528a
	T2	0,150b	0,525b	0,710b	0,715b	0,652b
	T3	0,147b	0,571c	0,768c	0,758c	0,722c
	T4	0,116a	0,514b	0,763c	0,764d	0,709c
		***	***	***	***	***

Resultados para a variedade Casper, 2012.

Produção (kg/ha)			Pellas	Folhas	Total	
	T1		34.263	64.497	98.760	
	T2		33.287	61.073	94.360	
	T3		34.949	64.683	99.632	
	T4		33.855	62.165	96.019	
			ns	ns	ns	

Total (%)		7-8	22-8	5-9	4-10	8-11
	T1	1,29	5,79	5,49	3,98	3,98
	T2	1,29	5,77	5,48	4,43	4,20
	T3	1,29	5,70	5,85	4,63	3,98
	T4	1,29			4,81	4,18
		ns	ns	ns	ns	ns

N-NO3 seiva (ppm)			22-8	4-9	3-10	5-11
	T1		5.363	6.013	1.463	925
	T2		4.850	6.225	2.688	1.413
	T3		4.963	5.588	2.150	1.150
	T4					
			ns	ns	ns	ns

Resultados para a variedade Casper, 2014.

Produção (kg/ha)			Pellas	Folhas	Total	
	T1		26.107a	55.535a	81.642a	
	T2		26.780a	59.660ab	86.440ab	
	T3		30.524b	64.130ab	94.654bc	
	T4		32.253b	66.780b	99.033c	
			**	***	*	

Total (%)			9-9	2-10	20-10	20-10
	T1		5,50	2,85a	2,60	2,23
	T2		5,28	2,78a	2,76	2,46
	T3		5,03	4,02b	3,37	2,82
	T4		5,08	4,30b	3,24	2,99

				ns	***	ns	ns
N-NO3 seiva (ppm)				9-9	2-10	20-10	
	T1			1.147	13a	4a	
	T2			1.140	167a	16ab	
	T3			1.091	553b	58ab	
	T4			1.154	714b	159b	
				ns	***	*	
SPAD				9-9	2-10	20-10	
	T1			58,05b	51,10	56,64	
	T2			55,40ab	50,94	59,90	
	T3			53,91a	52,71	55,47	
	T4			55.13ab	52,78	59,45	
				*	ns	ns	
DUALEX(Chl)				9-9	2-10	20-10	
	T1			44,07	38,89a	44,82a	
	T2			43,55	40,85ab	46,55ab	
	T3			43,58	41,81b	45,42a	
	T4			44,31	41,22b	47,81b	
				ns	**	**	
DUALEX (NBI)				9-9	2-10	20-10	
	T1			34,25	24,44a	31,10a	
	T2			34,61	25,34a	33.20ab	
	T3			32,95	30,94b	30,11b	
	T4			35,14	33,34b	39,57ab	
				ns	***	***	
MULTIPLEX (SFR)				9-9	2-10	20-10	
	T1			1,94	1,66a	1,69a	
	T2			1,92	1,64a	1,69a	
	T3			1,93	1,73ab	1,74ab	
	T4			1,98	1,80b	1,79b	
				ns	**	*	
MULTIPLEX (NBI)				9-9	2-10	20-10	
	T1			0,38	0,30ab	0,37a	
	T2			0,40	0,26a	0,45a	
	T3			0,36	0,44b	0,37a	
	T4			0,41	0,53b	0,60b	
				ns	***	***	
Círculo de cultura				9-9	2-10	20-10	
(NDRE)	T1			0,132d	0,266b	0,251a	
	T2			0,108b	0,239a	0,248a	
	T3			0,085a	0,280c	0,270b	
	T4			0,124c	0,297d	0,290c	

			***	***	***	
Círculo de culturas (NDVI)			9-9	2-10	20-10	
	T1		0,391d	0,686b	0,663a	
	T2		0,342b	0,641a	0,660a	
	T3		0,304a	0,696c	0,681b	
	T4		0,375c	0,711d	0,701c	
			***	***	***	

Milton Keynes UK
Ingram Content Group UK Ltd.
UKHW020844180124
436254UK00001B/146